数控机床装调维修技术

主 编 韩喜峰 喻志刚 陈 丽
副主编 石 磊 李 乐 李 堃 刘迎军
主 审 龙善寰

北京理工大学出版社
BEIJING INSTITUTE OF TECHNOLOGY PRESS

内容提要

本教程系统介绍了数控机床的结构、数控系统的接口、数控车床的电气线路、数控机床机械部件装配仿真、数控机床的精度检测、数控机床的保养等方面的知识和技能。本教程采用项目任务式编写形式,通过"任务要求"→"知识与能力目标"→"任务准备"→"任务方案"→"任务实施"→"任务总结评价"→"知识和技能拓展"等模块依次递进,引导学生明确各任务的学习目标,学习与任务相关的知识与技能,实施学练结合、学做合一。

本教程可作为数控技术应用专业、机电一体化专业的中等职业教育教材,也可作为从事数控机床维修工作的工程技术人员的参考书及培训用书。

版权专有 侵权必究

图书在版编目(CIP)数据

数控机床装调维修技术 / 韩喜峰,喻志刚,陈丽主编. —北京:北京理工大学出版社,2021.9
ISBN 978-7-5682-7963-5

Ⅰ.①数… Ⅱ.①韩… ②喻… ③陈… Ⅲ.①数控机床—安装—中等专业学校—教材②数控机床—调试方法—中等专业学校—教材③数控机床—维修—中等专业学校—教材 Ⅳ.①TG659

中国版本图书馆CIP数据核字(2019)第253296号

出版发行 / 北京理工大学出版社有限责任公司
社　　址 / 北京市海淀区中关村南大街5号
邮　　编 / 100081
电　　话 /(010)68914775(总编室)
　　　　　(010)82562903(教材售后服务热线)
　　　　　(010)68948351(其他图书服务热线)
网　　址 / http://www.bitpress.com.cn
经　　销 / 全国各地新华书店
印　　刷 / 定州市新华印刷有限公司
开　　本 / 889毫米×1194毫米　1/16
印　　张 / 12.25　　　　　　　　　　　　　　　　责任编辑 / 梁铜华
字　　数 / 276千字　　　　　　　　　　　　　　　文案编辑 / 梁铜华
版　　次 / 2021年9月第1版　2021年9月第1次印刷　责任校对 / 周瑞红
定　　价 / 37.00元　　　　　　　　　　　　　　　责任印制 / 边心超

图书出现印装质量问题,请拨打售后服务热线,本社负责调换

前　言

随着国家"中国制造 2025"战略发展的部署和重大项目的实施，为了更好地适应和服务新的经济社会发展方式，按照习近平总书记对职业教育重要指示中的"知行合一"要求，把"知"和"行"统一起来，把理论和实践融合起来，是贯穿职业教育的关键问题。为了有效解决中职学校数控技术应用专业人才培养中的知行合一问题，编者在多年的理实一体化教学改革实践的基础上，秉承好学易做的原则，开发本教程，有效实施数控技术应用专业核心课程"数控机床装调维修技术"的理实一体化教学。

本教程采用项目任务式编写形式，通过"任务要求"→"知识与能力目标"→"任务准备"→"任务方案"→"任务实施"→"任务总结评价"→"知识和技能拓展"等模块依次递进，引导学生明确各任务的学习目标，学习与任务相关的知识与技能，实施学练结合、学做合一。

本教程图文并茂，系统地介绍了数控机床的组成部件、数控系统的操作、数控系统的参数设置、数控系统的接口及连线、数控车床的电气识读及装调、数控机床机械部件装配仿真、数控机床的精度检测、数控机床的保养等方面的知识和技能。本教程充分体现了任务引领、实践导向课程的设计思路，以任务为载体实施教学，选取科学的教学任务，符合该门课程的工作逻辑，形成体系；本教程内容设计体现了先进性、通用性和实用性，更符合学生的学习需要，通过典型的装调任务，引入必需的理论知识，由易到难，强调实践过程中的训练，注重学生的学习兴趣和"工匠精神"的培养，让学生在完成任务的过程中逐步提高职业能力，真正做好易学易教。

本书由武汉机电工程学校的"湖北省数控专家"韩喜峰、"数控大赛"获奖教师喻志刚、"武汉市优秀青年教师"陈丽主编，由武汉机电工程学校的石磊、李乐、李堃、刘迎军任副主编。

北京精雕科技集团武汉分公司的赵汝广、禹莹两位工程师对本书的编写提供了大量的帮助。感谢湖北工业大学的胡松林教授、武汉城市职业技术学院的何锡武教授、武汉交通职业学院陶松桥教授对本书编写的指导和帮助。

  由于时间仓促，编者水平有限，书中难免有错漏和不当之处，恳请同行专家和读者批评指正。

编　者

目 录

项目一　认识数控维修试验台 1
　　任务 1-1　认识数控机床的组成部件 2
　　任务 1-2　认识数控维修试验台 16

项目二　数控装置接口连线 27
　　任务 2-1　操作 GSK928TC 数控系统 28
　　任务 2-2　数控系统的参数设置 44
　　任务 2-3　连接数控系统的接口信号线 54

项目三　数控车床电气控制线路识读 75
　　任务 3-1　数控车床电气控制线路识读 76
　　任务 3-2　数控维修试验台强电板装调 87

项目四　数控机床机械部件装配 94
　　任务 4-1　CKA6140 数控车床整体拆卸 95
　　任务 4-2　立式加工中心 XH7125 拆卸 111
　　任务 4-3　四工位刀架的拆卸 130

项目五　数控机床精度检测 ·· 146

任务 5-1　数控车床精度的检测 ·· 147
任务 5-2　数控铣床的精度检验 ·· 166

项目六　数控机床的保养 ·· 175

参考文献 ·· 189

项目一
认识数控维修试验台

任务1-1　认识数控机床的组成部件

任务1-2　认识数控维修试验台

任务 1-1 认识数控机床的组成部件

一、任务要求

简述如表 1-1-1 所示数控机床各主要组成部件的名称与作用。

表 1-1-1 数控机床各主要组成部件的名称与作用

序 号	简 图	名 称	作 用
1			
2			
3			
4			

二、知识与能力目标

（1）了解 GSK928TC 实训系统的各主要组成部件。
（2）了解和掌握 GSK928TC 数控实训系统的基本结构和功能特性。
（3）了解数控系统的组成，各主要组成部件的主要功能。

三、任务准备

（一）知识准备

1．数控机床的基本概念

数控技术，简称数控（Numerical Control，NC），是利用数字化信息对机械运动及加工过程进行控制的一种方法。由于现代数控都采用了计算机进行控制，因此也可以称为计算机数控（Computer Numerical Control，CNC）。

数控机床种类繁多，有钻、铣、镗床类，车削类，磨削类，电加工类，锻压类，激光加工类和其他特殊用途的专用机床，等等。对于采用数控技术进行控制的机床，我们称为数控机床（NC 机床）。它是一种综合应用了计算机技术、自动控制技术、精密测量技术和机床设计等先进技术的典型机电一体化产品，是现代制造技术的基础。数控机床的水平代表了当前数控技术的性能、水平和发展方向。

2．数控机床的组成

数控机床主要由数控装置、输入/输出设备、伺服系统、测量反馈装置、辅助控制及强电控制装置和机床本体等几部分组成，如图 1-1-1 所示。

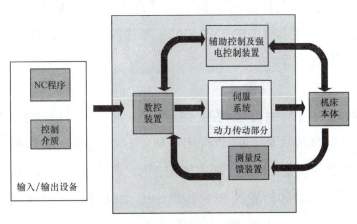

图 1-1-1　数控机床的组成

1）数控装置

数控装置是数控系统的核心，它是由硬件和软件两大部分组成的。数控装置由输入装置、控制器、运算器和输出装置组成。它接收从机床输入装置（软盘、硬盘、纸带阅读机、磁带机以及网络或串口传输等）输入的控制信号代码，经过输入、缓存、译码、寄存、运算、存储等转变成控制指令实现直接或通过可编程逻辑控制器（PLC）对伺服系统的控制。作用是根据输入的零件加工程序进行相应的处理，然后输出控制命令到相应的执行部件。数控装置工作流程如图1-1-2所示。

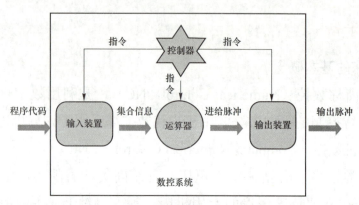

图 1-1-2 数控装置工作流程

输入装置：接收外部的输入程序并存储。

控制器：控制和协调数控装置各部分协调工作。

运算器：接收控制信息，对集合信息进行插补运算并向输出装置发出进给脉冲。

输出装置：将脉冲输出给伺服系统。

不同的数控机床研制机构生产了不同的数控系统。即使机床的运动相同，由于其数控系统的不同，其程序控制代码也会有所不同。广州数控GSK928TC数控系统如图1-1-3所示。世界上比较著名的数控系统有日本FANUC（法那科）、德国SIEMENS（西门子）、德国HEIDENHAIN（海德汉）系列数控系统。我国数控系统有华中数控、广州数控等。

2）伺服系统

伺服系统是数控装置与主机之间的连接环节，它是接收数控装置插补生成的进给脉冲信号，经过信号放大后，驱动机床主机的执行机构，实现机床的运动进给。伺服系统包括主轴驱动装置（主要控制主轴的速度）、主轴电动机、进给驱动装置（主要是进给系统的速度控制和位置控制）和进给电动机等。目前常用的有交、直流伺服电动机和步进电动机等，且交流伺服电动机正逐渐取代直流伺服电动机。

图 1-1-3　GSK928TC 数控系统及系统主板

伺服驱动工作过程如图 1-1-4 所示。

图 1-1-4　伺服驱动工作过程

（1）进给伺服模块。

组成：进给伺服模块包括进给驱动装置和进给电动机，如图 1-1-5 所示为步进电动机驱动装置及步进电动机。

作用：保证灵敏、准确地跟踪 CNC 装置指令；实现零件加工的成形运动（速度和位置控制）。

图 1-1-5　步进电动机驱动装置及步进电动机

（2）主轴驱动模块。

组成：主轴驱动装置和主轴电动机。

作用：执行主轴运动指令，实现零件加工的切削运动（速度控制）。

常见的主轴控制方式：

①普通笼型异步电动机配齿轮变速箱。这是最经济的一种主轴配置方式，但只

能实现有级调速，由于电动机始终工作在额定转速下，经齿轮减速后，在主轴低速下输出力矩大，重切削能力强，非常适合粗加工和半精加工的要求。缺点是噪声比较大，由于电动机工作在工频下，主轴转速范围不大，不适合有色金属和需要频繁变换主轴速度的加工场合。

②普通笼型异步电动机配变频器。这种主轴配置方式可以实现主轴的无级调速，主轴电动机只有工作在 500 r/min 以上才能有比较满意的力矩输出；否则，特别是当车床出现堵转的情况时，一般会采用两挡齿轮或皮带变速，但主轴仍然只能工作在中高速范围；另外，因为受到普通电动机最高转速的限制，主轴的转速范围受到较大的限制。这种方式适用于需要无级调速但对低速和高速都不要求的场合，如数控钻铣床。国内生产的简易型变频器较多，主轴变频器及主轴电动机如图 1-1-6 所示。

图 1-1-6　主轴变频器及主轴电动机

目前进口的通用变频器，除了具有 U/f 曲线调节，一般还具有无反馈矢量控制功能，会对电动机的低速特性有所改善，配合两级齿轮变速，基本上可以满足车床低速（100～200 r/min）、小加工余量的加工，但同样受最高电动机速度的限制。这是目前经济型数控机床比较常用的主轴驱动系统。

③伺服主轴驱动系统。伺服主轴驱动系统具有响应快、速度高、过载能力强的特点，还可以实现定向和进给功能；当然价格也是最高的，通常是同功率变频器主轴驱动系统的 2～3 倍。伺服主轴驱动系统主要应用于加工中心上，用以满足系统自动换刀、刚性攻丝、主轴 C 轴进给功能等对主轴位置控制性能要求很高的加工。

3）测量反馈装置

测量反馈装置是通过现代化的测量元件，如脉冲编码器、旋转变压器、感应同步器、光栅尺和激光等，将执行元件（如电动机、刀架等）或工作台等的速度和位移量检测出来，经过相应的电路将所测得信号反馈回伺服驱动装置或数控装置，构成半闭环或全闭环系统，补偿进给电动机的速度或执行机构的运动误差，以达到提高运动机构精度的目的。脉冲编码器及光栅尺如图 1-1-7 所示。

 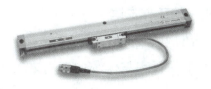

图 1-1-7　脉冲编码器及光栅尺

4）机床本体

机床本体就是数控机床的机械结构件,包括床身、箱体、立柱、导轨、工作台、主轴、进给机构和刀具交换机构等,如图 1-1-8 所示。

此外,为保证数控机床功能的充分发挥,还有一些辅助系统,如冷却、润滑、液压(或气动)、排屑、防护系统等。

5）辅助控制及强电控制装置(机床 I/O 电路和装置)

图 1-1-8　数控机床机械结构

辅助控制及强电控制装置是实现开关量 I/O 控制的执行部件,即由继电器、电磁阀、行程开关、接触器等电器组成的逻辑电路。GSK928TC 试验台的辅助控制及强电控制装置如图 1-1-9 所示。

图 1-1-9　GSK928TC 试验台的辅助控制及强电控制装置

功能:

①接收 CNC 的 M、S、T 指令,对其进行译码并转换成对应的控制信号,控制辅助装置完成机床的相应开关动作。

②接收操作面板和机床侧的 I/O 信号,送给 CNC 装置,经其处理后,输出指令

控制 CNC 系统的工作状态和机床的动作。

3. 数控机床的工作原理

1) 数控机床的工作过程

数控机床的工作过程与传统加工有着很大的不同，如图 1-1-10 所示。数控机床的工作过程主要有工艺分析、数控加工程序生成、准备信息载体、加工四个阶段。

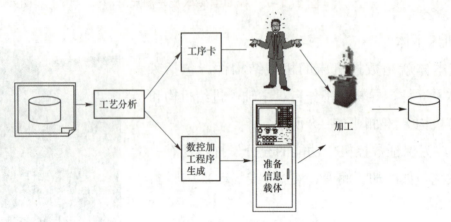

图 1-1-10 传统加工与数控加工的比较

（1）工艺分析。根据加工零件的图纸，确定有关加工数据（刀具轨迹坐标点、加工的切削用量、刀具尺寸信息等）。根据工艺方案，选用的夹具、刀具的类型等，选择有关其他辅助信息。

（2）数控加工程序生成。根据加工工艺信息，用机床数控系统能识别的语言编写数控加工程序（对加工工艺过程的描述），并填写程序单。

（3）准备信息载体。根据已编好的程序单，将程序放在信息载体（穿孔带、磁带磁盘等）上，通过信息载体将全部加工信息传给数控系统。若数控加工机床与计算机联网，则可直接将信息载入数控系统。

（4）加工。当执行程序时，机床数控系统（CNC）将加工程序语句译码、运算，转换成驱动各运动部件的动作指令，在系统的统一协调下驱动各运动部件的适时运动，自动完成对工件的加工。

2) 数控机床的工作原理

数控系统的主要任务是进行刀具和工件之间相对运动的控制，图 1-1-11 初步描绘了数控系统的主要工作过程。

（1）在接通电源后，数控装置和可编程控制器都将对数控系统各组成部分的工作状态进行检查和诊断，并设置初态。

（2）当数控系统具备了正常工作的条件时，开始进行加工控制信息的输入。

(3）输入实际使用刀具的参数，以及实际工件原点相对机床原点的坐标位置。

(4）对输入的加工控制信息进行预处理，即进行译码和预计算（如刀补计算、坐标变换等）。

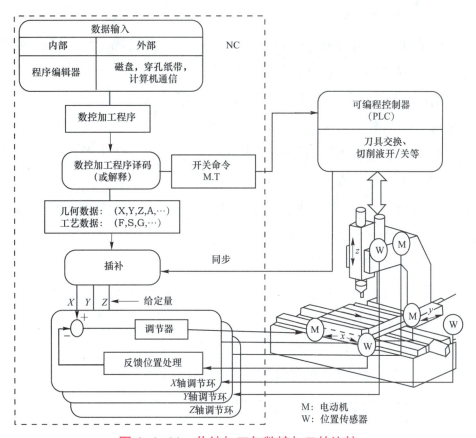

图 1-1-11　传统加工与数控加工的比较

(5）要产生的运动轨迹在几何数据中由各曲线段起、终点及其连接方式（如直线和圆弧等）等主要几何数据给出，数控装置中的插补器能根据已知的几何数据进行插补处理。

(6）在系统程序的控制下，由数控装置发出的开关命令在各加工程序段插补处理开始前或完成后，适时输出给机床控制器。

(7）在机床的运行过程中，数控系统要随时监视数控机床的工作状态，通过显示部件及时向操作者提供系统工作状态和故障情况。

4. 数控机床的分类

数控机床主要有五种分类方式：按加工工艺分类、按控制功能分类、按伺服系统的特点分类、按控制系统的功能水平分类、按联动轴数分类。

1）按加工工艺分类

(1）普通数控机床：数控车床、数控铣床、数控磨床、数控钻床等。

（2）加工中心：带刀库和自动换刀装置，如车削中心、加工中心等。

（3）其他：三坐标测量机、机械手（工业机器人）、自动绘图机等。

2）按控制功能分类

（1）点位控制的数控机床。

特点：仅能实现刀具相对于工件从一点到另一点的精确定位运动；对轨迹不作控制要求；运动过程中不进行任何加工。

适用范围：数控钻床、数控镗床、数控冲床和数控测量机。

（2）轮廓控制的数控机床。

特点：控制几个进给轴同时谐调运动（坐标联动），使工件相对于刀具按程序规定的轨迹和速度运动，在运动过程中进行连续切削加工。

适用范围：数控车床、数控铣床、加工中心等用于加工曲线和曲面零件的机床。现代数控机床装备的基本上都是这种数控系统。

3）按伺服系统的特点分类

按伺服系统的特点分类，数控机床分为开环控制的数控机床、半闭环控制的数控机床、闭环控制的数控机床。

（1）开环控制的数控机床。

开环控制的数控系统的控制原理框图如图 1-1-12 所示。

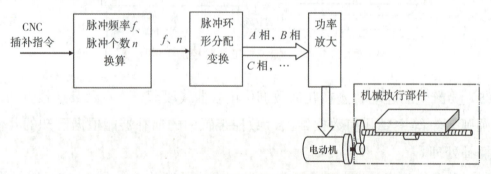

图 1-1-12　开环控制的数控系统的控制原理框图

开环控制的数控系统无位置反馈，精度相对闭环系统来讲不高，其精度主要取决于进给驱动系统和机械传动机构的性能和精度。一般以功率步进电动机作为伺服驱动元件。这类系统具有结构简单、工作稳定、维修简单、价格低廉等优点，在精度和速度要求不高、驱动力矩不大的场合得到广泛应用。一般用于经济型数控机床。

特点：结构简单，步进驱动，无位置速度反馈；没有位置测量装置，信号流是单向的（数控装置⇒进给系统），故系统稳定性好，但精度较低。

（2）半闭环控制的数控机床。

半闭环控制的数控系统的位置采样点是从驱动装置（常用伺服电动机）或丝杠引出，采样旋转角度进行检测，而不是直接检测运动部件的实际位置。半闭环控制的数控系统的控制原理框图如图 1-1-13 所示。

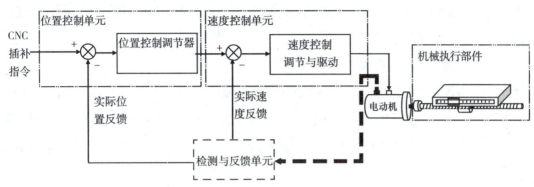

图 1-1-13　半闭环控制的数控系统的控制原理框图

半闭环环路内不包括或只包括少量机械传动环节，因此可获得稳定的控制性能，其系统的稳定性虽不如开环系统，但比闭环系统好。由于丝杠的螺距误差和齿轮间隙引起的运动误差难以消除，因此其精度较闭环差、较开环好。但可对这类误差进行补偿，因而仍可获得满意的精度。半闭环数控系统结构简单、调试方便、精度也较高，因而在现代 CNC 机床中得到了广泛应用。

特点：精度较高，采用交流或直流伺服驱动及伺服电动机，且有角位移、角速度检测装置，结构紧凑。

（3）闭环控制的数控机床。

闭环控制的数控系统的位置采样点如图 1-1-14 的虚线所示，直接对运动部件的实际位置进行检测。

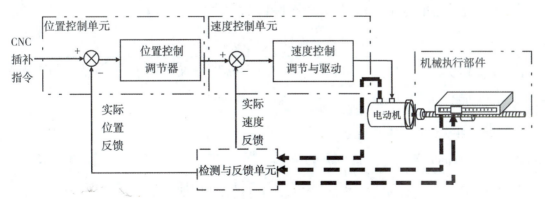

图 1-1-14　闭环控制的数控系统的控制原理框图

从理论上讲，可以消除整个驱动和传动环节的误差、间隙和失动量。具有很高的位置控制精度。由于位置环内的许多机械传动环节的摩擦特性、刚性和间隙都是非线性的，故很容易造成系统的不稳定，使闭环系统的设计、安装和调试都相当困难。该系统主要用于精度要求很高的镗铣床、超精车床、超精磨床以及较大型的数控机床等。

特点：精度高，采用交流或直流伺服驱动及伺服电动机，有直线位移、速度检测装置，价格贵，调试困难。

4）按控制系统的功能水平分类

（1）经济型。开环控制，单片机的CNC、数码管或单色小液晶显示，内存小于100 KB，步进电动机驱动，联动轴数为2～2.5轴，机床快速进给小于6 m/min；精度为0.01 mm以上，系统的价格便宜。典型系统有：大方、西门子802S等，主要适用于车床等。

（2）普及型。

半闭环控制，8～32位CPU的CNC，9寸单色显示器，无图形彩色显示，内存约150 KB，有DNC功能，模拟式直流有刷或直流无刷伺服电动机驱动，联动轴数为3～4轴，机床快速进给6～16 m/min；定位精度为0.005～0.01 mm。典型系统有Fanuc0，西门子810、802C系列，华中21M等，主要适用于价格较低的车、铣、加工中心。

（3）高档型。全闭环控制，32～64位CPU的CNC，彩色或TFT液晶显示器，图形显示，内存约150 KB，有DNC和网络功能、可扩展数字仿形功能等；良好的用户编程界面；数字式交流无刷伺服电动机驱动，联动轴数为4轴以上，机床快速进给可达到16 m/min以上；定位精度高于0.005 mm。典型系统有Fanuc160i、西门子840系列、马扎克640等，主要适用于高档高精度的加工中心。

控制系统的功能水平比较可参考表1-1-2。

表1-1-2 控制系统的功能水平比较

控制系统的功能	高档	中档（普及型）	低档（经济型）
主轴功能	无级变速、C轴功能		机械变速
分辨率/μm	0.1	1	10
进给速度/(m·min^{-1})	15～100	15～24	8～15
伺服驱动	闭环	半闭环	开环
电动机	交、直流伺服电动机		步进电动机
联动轴数	2～4轴或2～5轴		2～3轴

续表

控制系统的功能	高档	中档（普及型）	低档（经济型）
通信功能	MAP，联网功能	RS232C、RS485	无
显示功能	三维图形彩显	CRT 图形显示	数码或 CRT 字符
内装 PLC	有	有	无
主 CPU	32 位或 64 位	16 位或 32 位	8 位

5）按联动轴数分类

（1）2 轴联动（平面曲线）。

（2）3 轴联动（空间曲面，球头刀）。

（3）4 轴联动（空间曲面）。

（4）5 轴联动及 6 轴联动（空间曲面、端铣刀）。

联动轴数越多数控系统的控制算法就越复杂。

（二）实施设备准备

（1）数控维修试验台，如图 1-1-15 所示。

（2）数控车机床主机，如图 1-1-16 所示。

图 1-1-15　数控维修试验台

图 1-1-16　数控车机床主机

四、任务方案

（1）以 3～4 人组成学习小组为作业单元，完成项目任务的实施。

试验台号	作业者	学号	组号	小组其他成员

（2）以小组讨论制订出任务实施方案。

五、任务实施

第1步：阅读与该任务相关的知识。

第2步：填写表1-1-1。

六、任务总结评价

（一）自我评估

针对能力目标，对自己在任务实施过程中的表现给出分数（满分100分）并就A优秀、B良好、C合格、D不合格等级予以客观评价。

知识与能力	
问题与建议	
自我打分：　　　　分	评价等级：　　　　级

（二）小组评价

小组同学对该同学在任务实施过程中的表现给出分数（单项0~20分）及等级予以客观、合理评价。

独立工作能力	学习创新能力	小组发挥作用	任务完成	其他
分	分	分	分	分
五项总计得分： 分			评价等级： 级	

（三）教师评价

指导老师根据学生在学习及任务实施过程中的工作态度、综合能力、任务完成情况予以评价。

得分： 分，评价等级： 级

七、知识和技能拓展

（一）新技术展望：电主轴

电主轴是主轴电动机的一种结构形式（见图1-1-17），驱动器可以是变频器或主轴伺服，也可以不要驱动器。电主轴由于将电动机和主轴合二为一，没有传动机构，因此大大简化了主轴的结构，并且提高了主轴的精度，但是抗冲击能力较弱，而且功率还不能做得太大，一般在10 kW以下。由于结构上的优势，电主轴主要向高速方向发展，一般在10 000 r/min以上。

安装电主轴的机床主要用于精加工和高速加工，例如高速精密加工中心。另外，在雕刻机和有色金属以及非金属材料加工机床上应用较多。

图1-1-17 电主轴外观及内部结构

（二）思考题

（1）按伺服系统的特点分类，数控机床分为哪几类？各有何优缺点？

（2）数控加工与普通机床加工有何不同？

任务 1-2　认识数控维修试验台

一、任务要求

简述如表 1-2-1 所示数控维修试验台各主要组成部件的名称及作用。

表 1-2-1　数控维修试验台

序号	简图	名称	电路原理图
1			
2			
3			
4			

二、知识与能力目标

（1）了解机床常用电气元件及其功能。
（2）了解 GSK928TC 数控维修试验台的基本结构。

三、任务准备

（一）知识准备

1. GSK928TC 数控维修试验台的基本结构

GSK928TC 数控维修试验台如图 1-2-1 所示。

(a) 数控维修试验台正面　　　　　　(b) 数控维修试验台背面

图 1-2-1　数控维修试验台

1）数控维修试验台正面

试验台正面由数控系统面板、电源开关（断路器）、启动停止按钮、急停开关、故障点设置按钮组成，如图 1-2-2 所示。

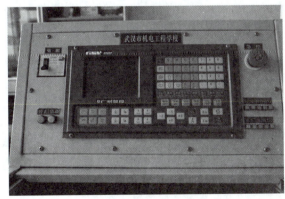

(a) 数控系统面板　　　　　　(b) 电源开关（断路器）

图 1-2-2　数控维修试验台正面

(c) 启动停止按钮

(d) 急停开关

(e) 故障点设置按钮

图 1-2-2 数控维修试验台正面（续）

2) 数控维修试验台背面

试验台背面由数控系统接口、开关电源和强电板组成，如图 1-2-3 所示。

(a) 数控系统接口、开关电源

(b) 强电板

图 1-2-3 数控维修试验台背后

2. 机床电气常用电气元件及其功能

1) 小型断路器

小型断路器主要用于照明电系统和机床控制回路，如图 1-2-4 所示，图 1-2-5 为断路器的电路图形符号。

图 1-2-4 小型断路器外形

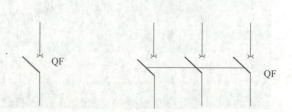

图 1-2-5 断路器的电路图形符号

机床上常用 DZ30-32、DZ47-60 等系列小型断路器。以 DZ30-32 为例，主要适用范围：DZ30-32 系列小型断路器，主要用于交流 50 Hz 或者 60 Hz、额定电压 230 V、额定电流至 32A，作为线路不频繁接通、分断和转换之用，具有过载、短路保护等保护功能。

小型断路器型号及其含义：

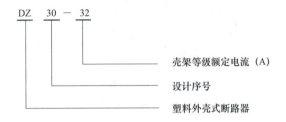

2）接触器

接触器是一种用于频繁地接通或切断带有负载的主电路的自动控制电器。按照接触器主触头通过电流的种类，可分为交流接触器和直流接触器。机床上主要使用交流接触器，图 1-2-6 所示为交流接触器外形，图 1-2-7 所示为交流接触器电路图形符号。

图 1-2-6　交流接触器外形

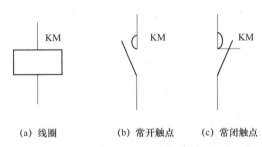

图 1-2-7　交流接触器电路图形符号

交流接触器工作原理：交流接触器是根据电磁原理工作的，如图 1-2-8 所示，当电磁线圈 5 通电后产生磁场，使静铁芯 6 产生电磁吸力吸引动铁芯 4 向下运动，使常开主触头 1（一般三对）闭合，同时常闭辅助触头 2（一般两对）断开，常开辅助触头 3（一般两对）闭合。当线圈断电时，电磁力消失，动触头在弹簧 8 作用下向上复位，各触头复原（即三对主触头断开，两对常闭辅助触头闭合，两对常开辅助触头断开）。

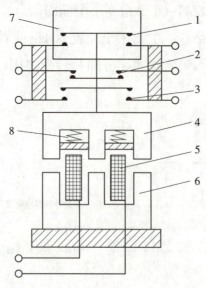

图 1-2-8 交流接触器工作原理

1—常开主触头；2—常闭辅助触头；3—常开辅助触头；4—动铁芯；
5—电磁线圈；6—静铁芯；7—灭弧罩；8—弹簧

3）继电器

继电器是一种根据某种输入信号的变化，而接通或断开控制电路，实现控制目的的电器。继电器的输入信号可以是电流、电压等电学量，也可以是温度、速度、时间、压力等非电量，而输出通常是触头的动作（断开或闭合）。继电器的种类很多，按工作原理可分为电磁式继电器、热继电器、压力继电器、时间继电器、速度继电器等。在机床电气控制中，应用最多的是电磁式继电器。

①电磁式继电器

电磁式继电器的结构和工作原理与电磁式接触器相似，也是由电磁机构、触点系统和释放弹簧等部分组成。触点有动触点和静触点之分，在工作过程中能够动作的称为动触点，不能动作的称为静触点。如图 1-2-9 为电磁式继电器结构示意图，图 1-2-10 为电磁继电器的外形图及电路图形符号。

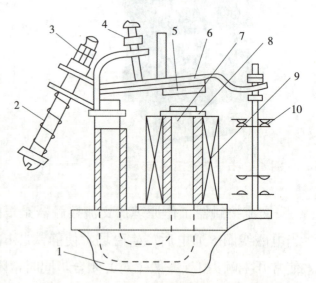

图 1-2-9 电磁式继电器结构示意图

1—磁轭；2—弹簧；3—调节螺母；4—调节螺钉；
5—非磁性垫片；6—衔铁；7—铁芯；8—垫片；
9—线圈；10—动断触点

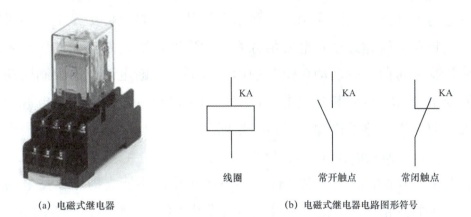

(a) 电磁式继电器　　　　　　　(b) 电磁式继电器电路图形符号

图 1-2-10　电磁式继电器外形及电路图形符号

当线圈通电后，铁芯被磁化产生足够大的电磁力，吸动衔铁并带动簧片，使动合触点和动断触点闭合或分开；当线圈断电后，电磁吸力消失，衔铁返回原来的位置，动触点和静触点又恢复到原来闭合或分开的状态。应用时只要把需要控制的电路接到触点上，就可利用继电器达到控制的目的。

② 热继电器

热继电器是利用电流的热效应原理来切断电路的保护电器，主要用于电动机或其他负载的过载保护。

热继电器的结构组成和工作原理：

热继电器主要由双金属片、加热元件、动作机构、触点系统、整定调整装置及温度补偿元件等组成。图 1-2-11 所示为热继电器的结构示意图。

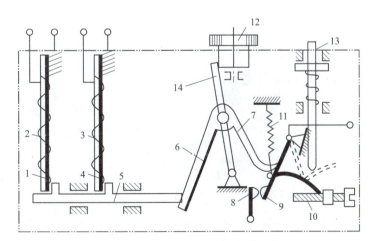

图 1-2-11　热继电器的结构示意图

1，4—主双金属片；2，3—发热元件；5—导板；6—温度补偿片；7—推杆；8—静触头；
9—动触头；10—调节螺钉；11—弹簧；12—凸轮旋钮；13—手动复位按钮；14—支撑杆

图 1-2-11 中，双金属片由两种膨胀系数不同的金属碾压而成，当双金属片受

热膨胀时会弯曲变形。实际应用时,将双金属片与发热元件串接于电动机的控制电路中。当负载电流超过整定电流值并经过一定时间后,发热元件所产生的热量使双金属片受热弯曲,带动动触点与静触点分断,切断电动机的控制回路,使接触器线圈断电释放,从而断开主电路,实现对电动机的过载保护。电源切断后,电流消失,双金属片逐渐冷却,经过一段时间后恢复原状,动触点在失去作用力的情况下,靠自身弹簧的弹性自动复位。

由此可见,热继电器由于热惯性,当电路短路时不能立即动作使电路立即断开,因此不能作短路保护。图1-2-12所示为发热元件和热继电器触点的电路图形。

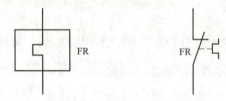

图1-2-12　发热元件和热继电器触点的电路图形

4）熔断器

熔断器是一种广泛应用的最简单有效的保护电器（图1-2-13）。在使用时,熔断器串接在所保护的电路中,当电路发生短路或严重的过载时,它的熔体能自动迅速熔断,从而切断电路,使导线和电气设备不致损坏。

熔断器主要由熔体和熔座组成。熔体一般由熔点低、易于熔断、导电性良好的合金材料制成。熔体熔断后再次工作必须更换熔体。

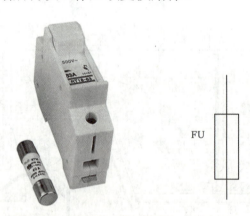

图1-2-13　熔断器的外形及电路符号

5）控制按钮

控制按钮是一种结构简单、应用广泛的主令电器,如图1-2-14所示。主要用于控制接触器、电磁起动器、继电器线圈的接通或断开,也可用于电气联锁线路等。按钮原来就接通的触点,称为常闭触点;原来就断开的触点,称为常开触点。

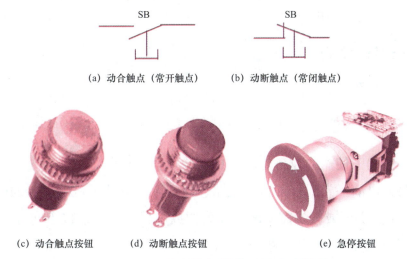

(a) 动合触点（常开触点）　　(b) 动断触点（常闭触点）

(c) 动合触点按钮　　(d) 动断触点按钮　　(e) 急停按钮

图 1-2-14　控制按钮的外形及电路符号

6）控制变压器

变压器是一种将某一数值的交流电压变换成频率相同但数值不同的交流电压的静止电器。

机床控制变压器适用于交流 50～60 Hz，输入电压不超过 660 V，作为各类机床、机械设备等一般电器的控制电源、步进电机驱动器、局部照明及指示灯的电源。图 1-2-15 所示为机床变压器的外形及图形符号。

7）直流稳压电源

直流稳压电源的功用是将非稳定的交流电源转换为稳定的直流电源。在数控机床系统中，需要稳压电源给驱动器、控制电源、直流继电器、数控系统等提供直流电源，数控系统主要使用开关电源和一体化电源。

开关电源被称为高效节能电源，因为内部电路工作在高频开关状态，所以自身消耗能量很低。由于没有工频变压器，所以体积和质量很小。如图 1-2-16 所示。

图 1-2-15　机床变压器的外形及图形符号

图 1-2-16　开关电源外形图

（二）实施设备准备

（1）数控维修试验台。

（2）数控车机床主机。

（三）安全准备

（1）培训过程中使用的设备是教学用实验、实训设备。

（2）设备通电前一定要仔细检查线路连接情况，确认无危险后再通电。

（3）因实验、实训或教学需要改变设备摆放位置、电缆连接走向等硬件设施时，务必在实验或培训完后照原样还原。

（4）实验、实训或教学需要修改系统参数等系统数据时，务必在实验、实训或教学完后照原样还原，若实验、实训或教学过程中需暂时离开，请做好声明。

（5）一定要遵照规定使用设备，并保护人身安全。

（6）设备出现故障时，必须在第一时间通知老师，一定要排除后才能继续使用设备。

四、任务方案

（1）以3～4人组成学习小组为作业单元，完成项目任务的实施。

试验台号	作业者	学号	组号	小组其他成员

（2）以小组讨论制定出任务实施方案。

五、任务实施

第1步：阅读与该任务相关的知识。

第2步：填写表1-2-1。

六、任务总结评价

（一）自我评估

针对能力目标，对自己在任务实施过程中的表现给出分数（满分 100 分）并就 A 优秀、B 良好、C 合格、D 不合格等级予以客观评价。

知识与能力	
问题与建议	
自我打分：　　分	评价等级：　　级

（二）小组评价

小组同学对该同学在任务实施过程中的表现给出分数（单项 0～20 分）并就等级予以客观、合理评价。

独立工作能力	学习创新能力	小组发挥作用	任务完成	其他
分	分	分	分	分
五项总计得分：　　分			评价等级：　　级	

（三）教师评价

指导教师根据学生在学习及任务实施过程中的工作态度、综合能力、任务完成情况予以评价。

得分：　　分，评价等级：　　级

七、知识和技能拓展

作业：

（1）急停按钮有什么作用？

（2）画出动合触点按钮和动断触点按钮的电路符号。

项目二
数控装置接口连线

任务 2-1　操作 GSK928TC 数控系统

任务 2-2　数控系统的参数设置

任务 2-3　连接数控系统的接口信号线

任务 2-1 操作 GSK928TC 数控系统

一、任务要求

用 GSK928TC 数控试验台加工完成图 2-1-1 所示零件图，毛坯为 φ35 mm 尼龙棒。

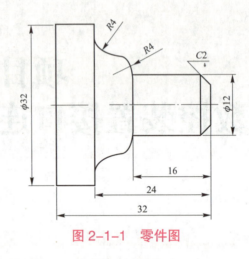

图 2-1-1 零件图

二、知识与能力目标

（1）掌握 GSK928TC 系统的操作。
（2）掌握 GSK928TC 系统的基本编程方法。

三、任务准备

（一）知识准备

1. GSK928TC 系统概述

GSK928TC 车床数控系统应用高速 CPU、超大规模可编程门阵列集成电路芯片构成控制核心。320×240 点阵图形式液晶显示界面。采用国际标准数控语言——ISO 代码编写零件程序，真正微米级精度控制，全屏幕编辑，中文操作界面，加工零件图形实时跟踪显示，操作简单直观。可配套步进电动机或交流伺服驱动器，通过编程可以完成外圆、端面、切槽、锥度、圆弧、螺纹等加工，具有较高的性能价格比。

1）技术指标

可控制轴数：2 轴（X、Z 轴）。

可联动轴数：2 轴（X、Z 轴）。

最小设定单位：0.001 mm。

最小移动单位：X 轴：0.0005 mm；Z 轴：0.001 mm。

最大编程尺寸：±8 000.000 mm。

最大移动速度：15 000 mm/min。

切削速度：5 000 ～ 6 000mm/min（G98/G99）。

加工程序容量：24 KB。

可存储程序数：100 个。

图形液晶显示器：320×240 点阵。

通信接口：标准 RS-232。

控制刀位数：四工位（可扩展至八工位）。

补偿：刀具补偿、间隙补偿。

电子手轮：×0.001，×0.01，×0.1。

主轴功能：S1、S2、S3、S4 四挡位直接输出或 BCD 编码 S0 ～ S15 输出；三个自动换挡输出及三挡 0 ～ 10 V 模拟输出。参数选择 1 024 p/r、1 200 p/r 主轴编码器。

G 指令：23 种，包含各种固定 / 复合循环、Z 轴钻孔攻牙。

螺纹功能：公 / 英制单头、多头直螺纹、锥螺纹，高速退尾，长度可设定。

2）面板操作（图 1-2-2）

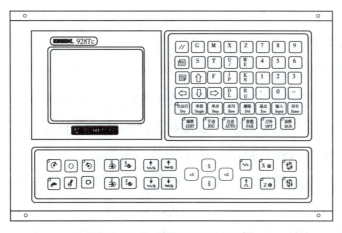

图 2-1-2　GSK928Tc 面板

① LCD 显示器：数控系统的人 - 机对话界面，分辨率为 320×240 点阵。

② 数字键：输入各类数据（0 ～ 9）。

③地址键：输入零件程序字段地址英文字母。

④功能键：根据《数控机床形象化符号》标准，设置了以下形象化符号功能键，按下功能键完成相应功能，各键符号含义如下：

[↑⌇%] 快速倍率增加：手动方式中增大快速移动速度倍率，自动运行中增大 G00 指令速度倍率。

[↓⌇%] 快速倍率减小：手动方式中减小快速移动速度倍率，自动运行中减小 G00 指令速度倍率。

[↑⌇%] 进给倍率增加：手动方式中增大进给速度倍率，自动运行中增大 G01 指令速度倍率。

[↓⌇%] 进给倍率减小：手动方式中减小进给速度倍率，自动运行中减小 G01 指令速度倍率。

[X⊕] X轴回程序参考点：仅手动/自动工作方式下有效。

[Z⊕] Z轴回程序参考点：仅手动/自动工作方式下有效。

[X⊕] X轴回机床参考点：仅手动工作方式下有效。

[Z⊕] Z轴回机床参考点：仅手动工作方式下有效。

[空运行 Dry] 空运行键：如在自动工作方式中选择空运行方式。

[单段 Single] 单段/连续：在自动工作方式中选择单段/连续的运行方式。

[编辑 EDIT] 选择编辑工作方式。

[手动 JOG] 选择手动工作方式。

[自动 AUTO] 选择诊断工作方式。

[参数 PAR] 选择参数工作方式。

[刀补 OFT] 选择刀偏工作方式。

[诊断 DGN] 选择诊断工作方式。

[改写 Rew] 编辑工作方式中输入方式——插入/改写之间相互切换。

[删除 Del] 编辑工作方式中删除数字、字母、程序段或整个程序。

[退出 Esc] 取消当前输入的各类数据或从工作状态退出。

[输入 Input] 输入各类数据或选择需要编辑或运行的程序及建立新的用户程序。

[回车 Enter] 回车确认。

[▤] 向前翻页：编辑/参数/刀偏工作方式中向前翻一页检索程序或参数，其他工作方式下，使液晶显示器亮度增大。

[▤] 向后翻页：编辑/参数/刀偏工作方式中向后翻一页检索程序或参数，其他工作方式下，使液晶显示器亮度减小。

[↑] 光标向上移动：编辑/参数/刀偏工作方式中使光标向上移动一行。

[↓] 光标向下移动：编辑/参数/刀偏工作方式中使光标向下移动一行。

[←] 光标向左移动：编辑工作方式中使光标向左移动一个字符位置。

[→] 光标向右移动：编辑工作方式中使光标向右移动一个字符位置。

[□] 循环启动键：自动运行中启动程序，开始自动运行。

[□] 进给保持键：手动或自动运行中电机减速停止，暂停运行。

[-X] 手动运行中，X轴向负方向运动。

[+X] 手动运行中，X轴向正方向运动。

[-Z] 手动运行中，Z轴向负方向运动。

[+Z] 手动运行中，Z轴向正方向运动。

[~] 快速/进给键：手动运行中进行快速移动速度与进给速度的相互切换。

[⚡] 手动步长选择：在手动单步/手轮工作方式中选择单步进给或手轮进给的各级步长。

[X⊚] X轴手轮选择：当配置有电子手轮时，选择X轴的移动由电子手轮控制（当手轮控制有效时，与轴运动相关的其他控制键无效）。

[Z⊚] Z轴手轮选择：当配置有电子手轮时，选择Z轴的移动由电子手轮控制（当手轮控制有效时，与轴运动相关的其他控制键无效）。

[单步 Step] 单步/点动方式：手动单步与点动方式切换。

[↻] 主轴正转：主轴按逆时针方向转动（从电动机轴向观察）。

[○] 主轴停止：主轴停止运转。

[↺] 主轴反转：主轴按顺时针方向运转（从电动机轴向观察）。

[⛲] 冷却液控制：冷却液的开/关切换。

[🔧] 主轴换挡键：对安装有多速主轴电动机及控制回路的机床，选择主轴的各挡转速（最多16挡）。

[○] 换刀键：选择与当前刀号相邻的下一个刀号的刀具。

[//] 系统复位键：系统复位时所有轴运动停止。所有辅助功能输出无效，机床停止运行并呈初始上电状态。

2. GSK928TC 系统编程

1）工件坐标系

工件坐标系是以工件上某一点为坐标原点建立的坐标系，它是对刀及相关尺寸的基准。

GSK928TC 数控系统采用浮动工件坐标系，编程时根据实际情况，选定工件坐标系原点位置，工件坐标系原点一般建立在工件的左或右端面中心处。

工件坐标系原点也是零件图纸上的编程原点和数控系统指令的坐标原点，通过设置工件坐标系即可建立工件坐标系，如图2-1-3所示。

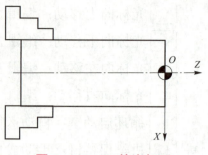

图2-1-3 工件坐标系

2) 程序参考点

程序参考点是操作者在机床上确定的一个安全、方便的位置。刀具在换刀或加工终了时一般要回到参考点。参考点可以设在机床的任何地方，但要求装卸工件方便，换刀时不撞刀和其他任何物体，且距工件不要太远，以免空行程太长。

3) M指令（辅助功能）

M指令由地址符M和其后两位数字组成，中间无效零可以省略。

M03—主轴正转；M04—主轴反转；M05—主轴停；

M08—冷却液开；M09—冷却液关；

M10—工件夹紧；M11—工件松开；

M02—程序结束；M30—程序结束、关冷却液、关主轴

4) T指令（刀具功能）

指令格式：Tab

a—刀具号，范围为0～4，a为0时不换刀，只进行刀补；1～4为对应电动刀架上的刀具号。

5) S指令（主轴功能）

指令格式：S＊＊＊

S后的数字为主轴转速（r/min）。

6) F指令（进给功能）

指令格式：F＊＊＊

F后的数字为每分钟进给速度（mm/min）。

7) 模态指令和非模态指令

模态指令又称续效指令，这些指令一经指定，在后续的程序段中一直有效，直到被其他的适当指令取代为止（利用模态特性可使程序简洁，节省内存）。

不具备模态特性（非模态）的指令只在本程序段中起作用，每次使用都必须定义。

8) 返回参考点指令

G26：X、Z轴同时返回参考点；

G27：X轴返回参考点；

G29：Z轴返回参考点。

9）G00——快速定位

指令格式：G00　X（U）Z（W）；

X（U）、Z（W）为指定点（终点）坐标，刀具以快速移动到指定位置。G00中同时指令X、Z轴时，X、Z轴按各自的最高速度及加速度同时独立运行，任何一轴到位后自动停止运行，另一轴继续运行直到指定位置。指令X、Z轴同时移动时，应特别注意刀具的位置是否在安全区域，以避免撞刀。例如，刀具从A点快速移动到B点，如图2-1-4所示。

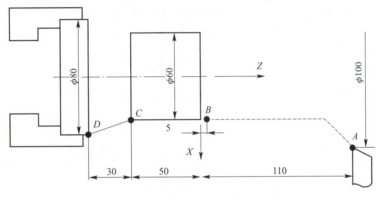

图2-1-4　G00指令示例

绝对坐标编程 G00　X60　Z5；

相对坐标编程 G00　U-40　W-105；

混合坐标编程 G00　X60　W-105；或 G00　U-40　Z5；

10）G01——直线插补

指令格式：G01　X（U）　Z（W）　F；

X（U）、Z（W）为指定点（终点）坐标，刀具以F速度沿当前点到指定点连线运动到指定位置。

例如：如图2-1-4刀具从B点切削→C点→D点：

B→C　G01　Z-50　F90；或 G01　W-55　F90；

C→D　X80　Z-80；　　　或 U20　W-30；（G01和F是模态指令省略不写）

编程示例（见图2-1-5）：（毛坯φ105 mm）

%01；　　　　　　　　　　　　（程序号，%程序开始符）

N0000　M03　S800；　　　　　（主轴正转，800 r/min；N＊＊＊＊程序段

号，顺序号或行号）

```
N0010  M08;                （冷却液开）
N0020  T33;                （3号刀；3号刀补）
N0030  G00  X110  Z0;      （快速定位在工件外）
N0040  G01  X0  F80;       （车端面）
N0050  G00  X100  Z2;      （退刀）
N0060  G01  Z-130;         （切削φ100外圆）
N0070  G00  X102  Z2;      （退刀）
N0080  X80;                （进刀φ80）
N0090  G01  Z-80;          （切削φ80外圆）
N0190  G00  X82  Z2;       （退刀）
N0110  X60;                （进刀φ60）
N0120  G01  Z-40;          （切削φ60外圆）
N0130  G27;                （刀具返回X轴参考点）
N0140  G29;                （刀具返回Z轴参考点）
N0150  M09;                （冷却液关）
N0160  M05;                （停主轴）
N0170  M02;                （程序结束）
```

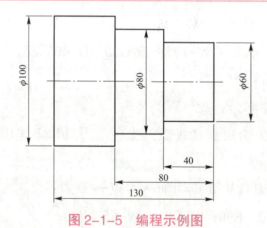

图 2-1-5　编程示例图

11) G02——顺圆弧插补和 G03——逆圆弧插补

（1）半径编程指令格式：（不同的数控系统，顺、逆圆弧插补的规定不一定相同）

G02　X（U）　Z（W）R　F;　——顺圆弧插补

G03　X（U）　Z（W）R　F;　——逆圆弧插补

其中，X（U）、Z（W）为指定的终点坐标，R为圆弧半径。图2-1-6所示为CK640数控车床的圆弧插补方向的判断。

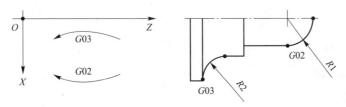

图2-1-6　CK640数控车床的圆弧插补方向的判断图

（2）圆心坐标编程指令格式：

G02　X（U）　Z（W）I　K　F；

G03　X（U）　Z（W）I　K　F；

如图2-1-7所示，I、K分别对应X轴和Z轴，是以圆弧起点为原点指向圆心的矢量。I——X轴上的分量（直径量），K——Z轴上的分量。

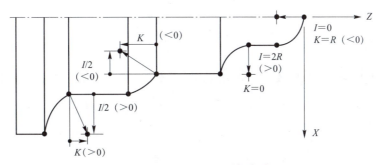

图2-1-7　圆弧I、K格式编程

I、K的方向与X轴、Z轴正方向相同时取正号，反之取负号。

编程示例（见图2-1-8）：（毛坯 $\phi85\,\mathrm{mm}$）

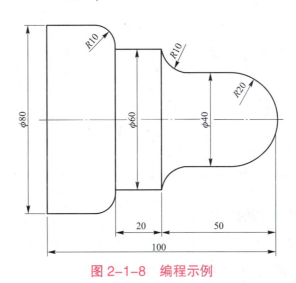

图2-1-8　编程示例

```
%03;
M03  S750;
T33;
G00  X90  Z0;
G01  X0  F100;
G00  X80  Z1;
G01  Z-100;
G00  X82  Z1;
X60;
G01  Z-70;
G02  X80  W-10  R10  F60;
G00  Z1;
X40;
G01  Z-40;
G03  X60  W-10  R10;
G00  Z1;
X20;
G01  Z0;
G02  X40  Z-10  R10;
G00  Z1;
X0;
G01  Z0;
G02  X40  Z-20  R20;
G27;
G29;
M05;
M02;
```

12）G92——螺纹切削循环指令

指令格式：G92　X（U）　Z（W）　P（E）　K I R L；

X（U）、Z（W）——螺纹终点的坐标位置；

R——螺纹起点与螺纹终点的直径之差；

R≠0 为锥螺纹，R=0 为直螺纹（可省略 R 不写）。

L——多头螺纹的头数，范围为 1～99；省略 L 为单头螺纹。

（1）直螺纹切削循环。

如图 2-1-9 所示，G92 直螺纹切削循环过程为：

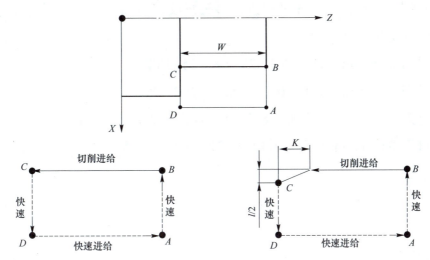

图 2-1-9　G92 直螺纹切削循环过程

① X 轴从 A 点快速进给到 B 点。

② Z 轴螺纹切削到 C 点（包括退尾）。

③ X 轴快速退到 D 点。

④ Z 轴快速退回到 A 点。

⑤ 若多头螺纹，重复①～④过程进行多头螺纹切削。

（2）锥螺纹切削循环。

如图 2-1-10 所示，G92 锥螺纹切削循环过程为：

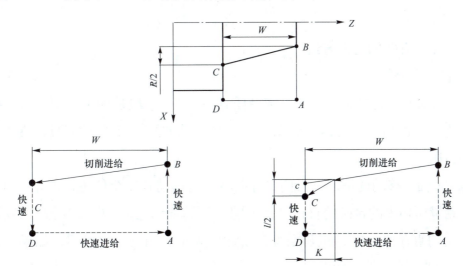

图 2-1-10　G92 锥螺纹切削循环过程

① X 轴从 A 点快速进给到 B 点。

② X、Z 轴切削到 C 点（包括退尾）。

③ X 轴快速退到 D 点。

④ Z 轴快速退回到 A 点。

⑤若多头螺纹，重复 1～4 过程进行多头螺纹切削。

编程示例（见图 2-1-11）。

第四次进刀 0.25 mm，直径值 37.25=2×0.25+36.75。

第三次进刀 0.30 mm，直径值 37.85=2×0.3+37.25。

第二次进刀 0.45 mm，直径值 38.75=2×0.45+37.85。

第一次进刀 0.625 mm，直径值 40.00=2×0.625+38.75。

```
G26;
T44;
G00  X42  Z2;
G92  X38.75  Z-60  P3;
X37.85;
X37.25;
X36.75;
G27;
G29;
M05;
M02;
```

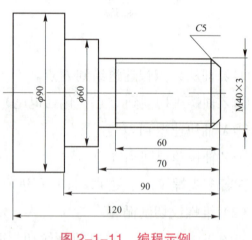

图 2-1-11 编程示例

3. GSK928TC 的对刀方法

1）设置工件坐标系

（1）在机床上装夹好试切工件，选择任意一把刀（一般是加工使用的第一把刀）。

（2）选择合适的主轴转速，启动主轴。在手动方式下移动刀具，在工件上切出一个小台阶。

（3）在 X 轴不移动的情况下沿向 Z 方向将刀具移动到完全位置，停止主轴旋转。

（4）测量所切出的台阶的直径，按键，屏幕显示设置，再按 X 键，显示设置X，输入测量出的直径值，按键，系统自动计算 X 轴方向的工件坐标，如果不按键而按键，则取消工件坐标设置。

（5）再次启动主轴，在手动方式下移动刀具，在工件上切出一个端面。

（6）在 Z 轴不移动的情况下沿 X 轴方向将刀具移动到安全的位置，停止主轴旋转。选择一点作为基准点，（该点最好是机床上的一个固定点，如卡盘端面或切工装基准面，以便以后重新对刀时能找出原来的基准装置），测量所选端面到所选基准点在 Z 轴方向的距离。按 [输入Input] 键，屏幕显示 设置，再按 Z 键，显示 设置Z，输入测量出的数据，按 [回车Enter] 键，系统自动计算 Z 轴方向的工件坐标，如果不按 [回车Enter] 键而按 [退出Esc] 键，则取消工件坐标设置。

2）对刀

对刀必须在设置好工件坐标系及回参考点后方可使用，操作过程与设置工件坐标系的操作过程基本相同。

试切对刀方法：

（1）在机床上装夹好试切工件，选择任意一把刀（一般是加工使用的第一把刀）。

（2）选择合适的主轴转速，启动主轴。在手动方式下移动刀具，在工件上切出一个小台阶。

（3）在 X 轴不移动的情况下沿 Z 轴方向将刀具移动到安全位置，停止主轴旋转。

（4）测量所切出的台阶的直径，按 [U] 键，屏幕显示 刀偏X，输入测量出的直径值，按 [回车Enter] 键，屏幕显示 T1X（1 表示当前的刀位号），按 [回车Enter] 键系统自动计算 X 轴方向的刀偏值，并将计算出的刀偏值存入相应的 X 轴刀偏参数区。在刀偏工作方式下可以查看和修改。如果显示 T1X 时输入 1～8 的数字键再按 [回车Enter] 键，则系统计算出的刀偏值，将存入输入的数字对应的 X 轴刀偏参数区，不按 [回车Enter] 键而按 [退出Esc] 键，则取消刀偏计算及存储。

（5）再次启动主轴，在手动方式下移动刀具在工件上切出一个端面。

（6）在 Z 轴不移动的情况下沿 X 轴方向将刀具移动到安全的位置，停止主轴旋转。选择一点作为基准点（该点最好是机床上的一个固定点，如卡盘端面或切工装基准面，以便以后重新对刀时能找出原来的基准装置），测量所选端面到所选基准点在 Z 轴方向的距离。按 [K] 键，屏幕显示 刀偏Z，输入测量出的数据，按 [回车Enter] 键，屏幕显示 T1Z（1 表示当前的刀位号），按 [回车Enter] 键，系统自动计算所选刀具在 Z 轴方向的刀偏值，并将计算出的刀偏值存入当前刀号对应的 Z 轴刀偏参数区。在刀偏工作方式下可以查看和修改。如果显示 T1Z 时输入 1～8 的数字键再按 [回车Enter] 键，则系统计算出的刀偏值，将存入输入的数字对应的 Z 轴刀偏参数区，不按 [回车Enter] 键而按 [退出Esc] 键，则取消刀偏计算存储。

（7）换下一把刀，并重复（1）～（6）步骤的操作对好其他刀具。

（8）当工件坐标系没有变动的情况下，可以通过上述过程对任意一把刀操作。在刀具磨损或调整一把刀时，操作非常快捷、方便。

（二）实施设备准备

（1）数控车床。

（2）数控维修试验台。

（3）毛坯（ϕ40 mm 尼龙棒）。

（4）工具、量具和刀具清单如表 2-1-1 所示。

表 2-1-1　工、量、刀具清单

种类	序号	名称	规格	精度 /mm	单位	数量
工具	1	卡盘扳手			把	1
量具	2	游标卡尺	150 mm	0.02	把	1
刀具	3	外圆车刀			把	1
	4	切槽刀			把	1

四、任务方案

（1）以 3～4 人组成学习小组为作业单元，完成项目任务的实施。

试验台号	作业者	学号	组号	小组其他成员

（2）以小组讨论制定出任务实施方案。

五、任务实施

第 1 步：阅读与该任务相关的知识。

第 2 步：通电开机→取消急停按钮→回零→输入程序→装刀→装毛坯→设置工件坐标系→对刀（输入刀补参数）→单段试加工（发现问题及时按下急停按钮）→自动加工→检测。

六、任务总结评价

（一）自我评估

针对能力目标，对自己在任务实施过程中的表现给出分数（满分100分）并就A优秀、B良好、C合格、D不合格等级予以客观评价。

知识与能力	
问题与建议	
自我打分： 分	评价等级： 级

（二）小组评价

小组同学对该同学在任务实施过程中的表现给出分数（单项0～20分）并就等级予以客观、合理评价。

独立工作能力	学习创新能力	小组发挥作用	任务完成	其他
分	分	分	分	分
五项总计得分： 分			评价等级： 级	

（三）教师评价

指导教师根据学生在学习及任务实施过程中的工作态度、综合能力、任务完成情况予以评价。

得分：　　　　分，评价等级：　　　级

（四）任务综合评价

姓名		小组		指导教师			班	
							年　月　日	

项目	评价标准	评价依据	自评	小组评	老师评	小计分
专业能力	1. 切削加工工艺制定正确，切削用量选择合理； 2. 程序正确、简单、规范； 3. 刀具选择及安装正确、规范； 4. 工件找正及安装正确、规范； 5. 工件加工完整、正确； 6. 有独立的工作能力和创新意识	1. 操作准确、规范； 2. 工作任务完成的程度及质量； 3. 独立工作能力； 4. 解决问题能力	0～25分	0～25分	0～50分	（自评＋组评＋师评）×0.6
职业素养	1. 遵守规章制度，劳动纪律； 2. 积极参加团队作业，有良好的协作精神； 3. 能综合运用知识，有较强的学习能力和信息分析能力； 4. 自觉遵守6S要求	1. 遵守纪律； 2. 工作态度； 3. 团队协作精神； 4. 学习能力； 5. 6S要求	0～25分	0～25分	0～50分	（自评＋组评＋师评）×0.4
评价	A（优秀）：100～90分 B（良好）：89～70分 C（合格）：69～60分 D（不合格）：59及以下分		能力＋素养总计得分			分
			等级			级

七、知识和技能拓展

实操练习图，如图 2-1-12（毛坯 φ30 mm）：

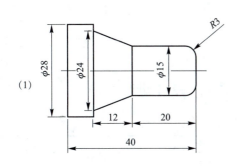
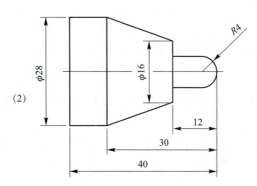
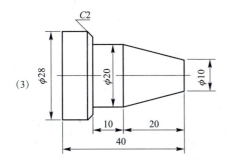
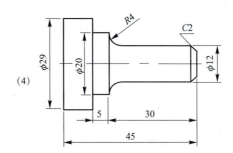
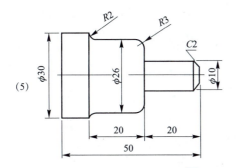
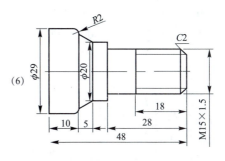

图 2-1-12　实操练习图

任务 2-2　数控系统的参数设置

一、任务要求

将 GSK928TC 数控维修试验台内部参数值按表 2-2-1 进行设置。

表 2-2-1　GSK928TC 数控维修试验台内部参数值

参数号	设置值	参数号	设置值
P01	8000.000	P13	4
P02	−8000.000	P14	10
P03	8000.000	P15	10
P04	−8000.000	P16	10
P05	6000	P17	50
P06	6000	P18	50
P07	00.000	P19	600
P08	00.000	P20	600
P09	1500	P21	50
P10	3000	P22	600
P11	00000000	P23	10
P12	00000000		

二、知识与能力目标

（1）了解 GSK928TC 数控系统的参数含义。
（2）掌握 GSK928TC 数控系统的参数设置方法。
（3）掌握 GSK928TC 参数初始化的方法。

三、任务准备

（一）知识准备

1. 参数设置方式

GSK928TE 数控系统设计了 P01～P25 共 25 个参数，每个参数都有其确定的含义并决定数控系统及机床的工作方式，在机床安装调试时应对其中的某些参数进行修改。

按工作方式选择键，按 [参数PAR] 进入参数设置工作方式。第一屏显示 P01～P09 共 9 个参数，如图 2-2-1 所示。

按 [⇓] 或 [⇑] 键可以向前或向后翻页（共 9 个参数）显示其他参数，按 [↓] 或 [↑] 可以显示下一个或上一个参数并在屏幕上提示所指参数的中文意义。

广州数控	参数
P01	8000.000
P02	-8000.000
P03	8000.000
P04	-8000.000
P05	06000
P06	06000
P07	00.000
P08	00.000
P09	0000
Z 正限位	
编辑 手动 自动 参数 刀偏 诊断	

图 2-2-1　参数设置方式

2. 参数说明

在选择参数号之后，系统高亮显示所选的参数号并在屏幕下方用汉字显示了该参数的名称，各参数的具体含义如下：

1) 参数 P01、P02——Z 轴正、负方向行程限位值（软限位）

P01、P02 参数分别确定刀架在 Z 轴正、负方向的最大行程，若 Z 轴坐标大于或等于 P01 参数的值（正限位值），则 Z 轴不能再向正方向移动，只能向负方向移动。若 Z 轴坐标小于或等于 P02 参数的值（负限位值），则 Z 轴不能再向负方向移动，只能向正方向移动。单位：mm。

2) 参数 P03、P04——X 轴正负方向行程限位值（软限位）

P03、P04 参数分别确定了刀架在 X 轴正、负方向的最大行程。若 X 轴坐标大于或等于 P03 参数的值（正限位值），则 X 轴不能再向正方向移动，只能向负方向移动。若 X 坐标小于或等于 P04 参数的值（负限位值），则 X 轴不能向负方向移动，只能向正方向移动。单位：mm。

注：虽然坐标范围为 8000-（-8000）=16000，但自动方式中相对移动距离不能超过 8000。

3) 参数 P05——Z 轴快速移动速度

P05 参数确定了 Z 轴在手动快速及 G00 指令中的快速移动速度，Z 轴的实际快速移动速度，还受快速倍率的控制。Z 轴实际快速速度 =P05× 快速倍率。单位：mm/min。

4) 参数 P06——X 轴快速移动速度

P06 参数确定了 X 轴在手动快速及 G00 指令中的快速移动速度，X 轴的实际快速移动速度，还受快速倍率的控制。X 轴实际快速速度 =P06× 快速倍率。单位：mm/min。

5）参数 P07、P08——Z 轴、X 轴反向间隙值

P07、P08 参数分别确定 Z 轴、X 轴的机械传动的反向间隙值。单位：mm。

由于机床中的丝杠、减速器等传动部分不可避免地存在间隙，因此刀架在往复运动中就会因间隙的存在而产生误差。为补偿间隙造成的误差，设置了 P07、P08 参数。通过设置这两个参数，机床在运动中改变方向时，数控系统会自动补偿间隙误差。

机床的机械传动间隙可用以下方法测量（以 Z 轴为例）：

①选择手动工作方式及合适的进给速度。

②将百分表安装在机床的适当位置，移动刀架，顶到百分表测量头上并将百分表指针置 0。

③选择手动单步工作方式，步长选择为 1.0 mm。

④按 Z 轴手动进给键，使刀架先向靠近百分表方向移动，百分表指针转一圈指向 0。

⑤按 Z 轴手动进给键向相反方向移动，百分表的指针往回转，因为存在间隙，百分表指针不能回到 0 位。此时百分表指针所指位置与 0 位的差值即 Z 轴反向间隙值。

注 1：以上操作步骤应重复进行几次才能准确测量。

注 2：X 轴的反向间隙测量方法相同，但测量出的值应该乘以 2 换算成直径量。

注 3：X 轴、Z 轴的反向间隙补偿速度以各自轴的起始速度（P17、P18 的值）进行补偿。

6）参数 P09——主轴低挡转速

参数 P09 确定了系统在使用变频器控制主轴，主轴齿轮挡位处于低挡位（M41 有效），系统输出 10V 模拟电压时，机床所对应的最高转速。在用主轴多挡开关量控制主轴时，P09 参数无效。单位：r/min。

7）参数 P10——主轴高挡转速

参数 P10 确定了系统在使用变频器控制主轴，主轴齿轮挡位处于高挡位（M43 有效），系统输出 10 V 模拟电压时，机床所对应的最高转速。在用主轴多挡开关量控制主轴时参数 P10 无效。单位：r/min。

注：当主轴无高、中、低挡位时，系统以 P10 作为输出基准，此时 P09 无效。

8）参数 P11、P12——位参数 1，位参数 2

数控系统的某些控制功能可以通过 P11、P12 参数中相应位设置成 0 或设置成 1，而实现不同的控制功能，以适应不同机床的各种需求。

位参数的位从左到右从位 D7～D0，共 8 位，每一位都可设置成 0 或设置成 1。

① P11 参数的位说明：

D7	D6	D5	D4	D3	D2	D1	D0
WHLA	PTSR	TCON	SCOD	CHCD	LINE	DIRA	DIRX

WHLA：0——手轮方式时 0.1 mm 倍率有效；

　　　1——手轮方式时 0.1 mm 倍率无效，上电延时 15 s 才能进入菜单操作。

PTSR：0——执行刀补时移动机床拖板而不修改坐标；

　　　1——执行刀补时修改坐标而机床拖板不移动。

TCON：0——系统使用普通电动机回转刀架；

　　　1——系统使用排刀架。

SCOD：0——主轴转速挡位输出为 S1～S4 挡直接输出；

　　　1——主轴转速挡位输出为 S0～S15/16 挡编码输出，编码输出如表 2-2-2 所示。

CHCD：0——诊断、手动方式中不检测编码器线数，手动、自动方式显示主轴编程转速；

　　　1——诊断、手动方式中检测编码器线数，手动、自动方式显示主轴实际转速。

LINE：0——主轴编码器每转脉冲数为 1 200 脉冲/转；

　　　1——主轴编码器每转脉冲数为 1 024 脉冲/转（要求主轴转速大于 120 r/min，否则不能正常检查）。

DIRZ：Z 轴电动机旋转方向选择。

DIRX：X 轴电动机旋转方向选择。

表 2-2-2　参数中 S 代码编码表

代码 输出点	S00	S01	S02	S03	S04	S05	S06	S07	S08	S09	S10	S11	S12	S13	S14	S15
S1		★		★		★		★		★		★		★		★
S2			★	★			★	★			★	★			★	★
S3					★	★	★	★					★	★	★	★
S4									★	★	★	★	★	★	★	★

"★"表示对应位输出有效。

注 1：通过 DIRX、DIRZ 设置成 0 或 1，可以在不改变其他外部条件的情况下，改变电动机的旋转方向。使刀架实际移动方向和系统定义方向相同，改变电动机方向参数后，按"复位"键或重新上电后方能有效。

注 2：D7～D6 位暂未用。

② P12 参数的位说明：

D7	D6	D5	D4	D3	D2	D1	D0
MZRO	DLMZ	DLMX	MZRM	MSP	MODM	MODT	MDSP

MZRO：0——系统回机床参考点（机械零点）功能无效；
　　　1——系统回机床参考点（机械零点）功能有效。

DAMZ：0——Z轴驱动器报警输入信号（Zalm）为高电平时产生"Z轴驱动报警"；
　　　1——Z轴驱动器报警输入信号（Zalm）为低电平时产生"Z轴驱动报警"。

DAMX：0——X轴驱动器报警输入信号（Xalm）为高电平时产生"X轴驱动报警"；
　　　1——X轴驱动器报警输入信号（Xalm）为低电平时产生"X轴驱动报警"。

MZRM：0——回机械零点方式一：检查编码器一转信号；
　　　1——回机械零点方式二：不检查编码器一转信号。

MSP：0——主轴停止时不输出主轴制动信号；
　　　1——主轴停止时输出主轴制动信号（制动信号的保持时间由参数P16确定）。

MODM：0——主轴启停冷却液开关控制为电平控制方式（仅M03/04/05 M08/09受控）；
　　　1——主轴启停冷却液开关控制为脉冲控制方式（其他M信号始终为电平控制式）。

MODT：0——按换刀键后刀架立即转动换刀；
　　　1——换刀键需按"Enter"键确认后刀架才转动换刀。

MDSP：0——主轴转速为开关量换挡控制；
　　　1——主轴转速为0～10VDC模拟量控制（变频调速主轴）。

9）参数 P13——最大刀位数

参数 P13 确定机床电动刀架上的最大刀位数。GSK928TE 数控系统标准配置为4工位电动刀架。刀位信号按照特定的编码输入可扩展到 6～8 工位电动刀架。

10）参数 P14——刀架反转时间

参数 P14 确定电动刀架在换刀时，刀架电动机反转锁紧信号的持续时间。单位：0.1 s。

注：参数 P14 的值在配不同的电动刀架时应作相应调试，并调到合适的值。参数值太大，会使刀架电机发热甚至损坏。参数值太小会使刀架不能锁紧，所以调试时应使用不同的值来进行调试，并选择合适的参数值。

11）参数 P15——M 代码脉冲时间

参数 P15 确定了主轴、冷却液、液压卡盘、液压尾座为脉冲控制方式时，脉冲信号的持续时间。单位 0.1 s。

12）参数 P16——主轴制动信号时间

参数 P16 确定了输出主轴制动信号时，制动信号的持续时间。单位：0.1 s。

13）参数 P17——Z 轴最低起始速度

参数 P17 确定 Z 轴 G00 或手动方式时的最低起始速度。单位：mm/min。

当 Z 轴的速度低于 P17 的值时，Z 轴无升降速过程。应根据实际的机床负载，将此参数的值调整在合适的值。

14）参数 P18——X 轴最低起始速度

参数 P18 确定 X 轴 G00 或手动方式时的最低起始速度。单位：mm/min。

当 X 轴的速度低于 P18 的值时，X 轴无升降速过程。应根据实际的机床负载，将此参数的值调整在合适的值。

15）参数 P19——Z 轴加减速时间

参数 P19 确定 Z 轴 G00 或手动方式时，由最低起始速度（P17）以直线方式上升到最高速度（P5）的时间。单位：ms。

P19 的值越大，Z 轴的加速过程越长。在满足负载特性的基础上，应尽量减小 P19 的值以提高加工效率。

16）参数 P20——X 轴加减速时间

参数 P20 确定 X 轴 G00 或手动方式时，由最低起始速度（P18）以直线方式上升到最高速度（P6）的时间。单位：ms。P20 的值越大，X 轴的加速过程越长。在满足负载特性的基础上，应尽量减小 P20 的值以提高加工效率。

17）参数 P21——切削进给起始速度

参数 P21 确定了系统自动加工过程中 G01、G02、G03 等切削指令的起始速度。单位：mm/min。当程序中指定的 F 速度值小于 P21 的值时无升降速过程。

18）参数 P22——切削进给加减速时间

参数 P22 确定了系统自动加工过程中 G01、G02、G03 等切削指令的速度由 P21 指定的值加速到 6 000 mm/min 的时间。单位：ms。通过对 P5、P6、P17～P22 等参数的调整，可使系统适应不同类型的电动机或不同负载的机床，提高加工效率。

19）参数 P23——程序段号间距

参数 P23 确定编辑工作方式中，自动产生程序段号时的前后程序段号的增量值，即行号与行号之间的差值。

系统所有参数如表 2-2-3 所示。

表 2-2-3 系统参数

参数号	参数定义	单位	初始值（928TC/928TE）	范围
P01	Z 轴正限位值	mm	8000.000	0～8000.000
P02	Z 轴负限位值	mm	−8000.000	−8000.000～0
P03	X 轴正限位值	mm	8000.000	0～8000.000
P04	X 轴负限位值	mm	−8000.000	−8000.000～0
P05	Z 轴最快速度值	mm	6000	8～15000
P06	X 轴最快速度值	mm	6000	8～15000
P07	Z 轴反向间隙	mm	00.000	0～10.000
P08	X 轴反向间隙	mm	00.000	0～10.000
P09	主轴低挡转速	r/min	1500	0～9999
P10	主轴高挡转速	r/min	3000	0～9999
P11	位参数 1		00000000	0～11111111
P12	位参数 2		00000000	0～11111111
P13	最大刀位数		4	1～8
P14	刀架反转时间	0.1 s	10	1～254
P15	M 代码时间	0.1 s	10	1～254
P16	主轴制动时间	0.1 s	10	1～254
P17	Z 轴最低起始速度	mm/min	50/150	8～9999
P18	X 轴最低起始速度	mm/min	50/150	8～9999
P19	Z 轴加速时间	ms	600/300	8～9999
P20	X 轴加速时间	ms	600/300	8～9999
P21	切削进给起始速度	mm/min	50/100	8～9999
P22	切削进给加减速时间	ms	600/400	8～9999
P23	程序段号间距		10	1～254

3. 参数的输入

系统的参数在出厂时已做好初始化工作，在安装到机床上后，请根据机床的实际情况做相应修改和调整。

输入参数内容的步骤如下：

（1）选择参数设置工作方式。

（2）按"光标上移"或"光标下移"键，移动高亮显示的部分移到需改变的参数号上（在移动的同时屏幕下方用汉字显示选中的参数名）。按"输入"键，屏幕显示一高亮块。

（3）通过键盘输入参数数据。若输入错误，可按"光标左移"键删除错误数据，重新输入正确的数据。

（4）按"Enter"键确认。

例如，修改 P05 号参数为 4500。显示如图 2-2-2。

（5）按"光标上移"或"光标下移"键，将高亮显示部分移动到 P05 上。

（6）按"输入"，显示一个高亮块。

（7）通过键盘输入 4500。

（8）按"Enter"键，即将 P05 的值修改成 4500。

广州数控	参数
P01	8000.000
P02	-8000.000
P03	8000.000
P04	-8000.000
P05	06000
P06	06000
P07	00.000
P08	00.000
P09	0000

图 2-2-2　参数内容输入

注：①在输入数据过程中如果数据输错，可按"光标左移"键取消并重新输入正确值。

②如输入数据超过规定范围，输入数据无效，参数内容也不改变。

③如输完数据后按"ESC"键，输入数据无效。

④P13 号参数最大刀位数（初始值 004）修改时，前面不要加"00"，直接输入个位数。如要改为 6 工位刀架时，直接输入"6"，不要输入"006"。

4. GSK928TC 系统参数初始化

在第一次接通电源或因某些原因使系统参数破坏时，可以初始化系统参数，使所有参数设置成系统内定值，系统内工作区清零。具体操作步骤如下：

（1）同时按住"复位"键与"删除"键。

（2）先放开"复位"键。

（3）稍后再放开"删除"键。

注：初始化系统后要自动运行，必须回到编辑方式重新选择程序，否则不能执行，并产生程序准备报警。

5. 诊断

本数控系统设置了自诊断功能，可显示输入/输出接口中外部信号的状态及主轴转速等。

按工作方式选择"诊断"键，进入诊断方式。诊断方式显示画面如图 2-2-3 所示。

注：当参数 P11 的 CHCD 位设置为 0（即不检测主轴编码器）时，图 2-2-3 中编码器线数不显示。若没有安装主轴编码器或没有

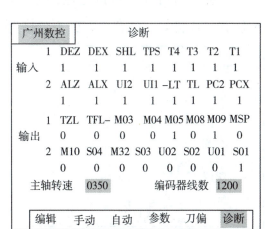

图 2-2-3　诊断方式显示画面

启动主轴，则屏幕显示编码器线数=0000。按其他任一方式键退出。

四、任务方案

（1）以 3～4 人组成学习小组为作业单元，完成项目任务的实施。

试验台号	作业者	学号	组号	小组其他成员

（2）以小组讨论制定出任务实施方案。

五、任务实施

第 1 步：阅读与该任务相关的知识。

第 2 步：按表 2-2-1 输入每一个参数。

六、任务总结评价

（一）自我评估

针对能力目标，对自己在任务实施过程中的表现给出分数（满分 100 分）并就 A 优秀、B 良好、C 合格、D 不合格等级予以客观评价。

知识与能力	
问题与建议	
自我打分：　　　分	评价等级：　　　级

（二）小组评价

小组同学对该同学在任务实施过程中的表现给出分数（单项 0～20 分）并就对等级予以客观、合理评价。

独立工作能力	学习创新能力	小组发挥作用	任务完成	其他
分	分	分	分	分
五项总计得分： 分			评价等级： 级	

（三）教师评价

指导教师根据学生在学习及任务实施过程中的工作态度、综合能力、任务完成情况予以评价。

得分：　　　分，评价等级：　　　级

任务 2-3　连接数控系统的接口信号线

一、任务要求

（1）将 GSK928TC 数控试验台接口信号连接板上的电缆全部拆掉。

①将接口信号连接板正面的短接线全部拆掉，如图 2-3-1 所示。

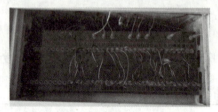
(a) 拆前

(b) 拆后

图 2-3-1　接口信号连接板正面

②将接口信号连接板背面的电缆线全部从接线柱上拆掉，如图 2-3-2 所示。

(a) 拆前

(b) 拆后

图 2-3-2　接口信号连接板背面

③将接口信号连接板背面的电缆线全部接在接线柱上。

④将接口信号连接板正面的短接线全部接上。

（2）将 GSK928TC 数控试验台与车床主机相连接，使机床工作正常，如图 2-3-3 所示。

图 2-3-3　GSK928TC 数控试验台与车床主机

二、知识与能力目标

（1）了解 GSK928TC 数控系统的接口信号含义。

（2）了解和掌握 GSK928TC 数控系统接口信号与驱动器的连接方法。

（3）了解和掌握 GSK928TC 数控系统接口信号与刀架的连接方法。

三、任务准备

（一）知识准备

1. 接口概况

计算机数控系统装置的接口是数控装置与数控系统的功能部件（主轴模块、进给伺服模块、PLC 模块等）和机床进行信息传递、交换和控制的端口，称之为接口。接口在数控系统中占有重要位置。不同功能模块与数控系统连接，采用与其相对应的输入/输出（I/O）接口。

数控装置与数控系统各个功能模块之间的来往信息和控制信息不能直连接，而是要通过 I/O 接口电路连接起来，该接口电路的主要任务如下。

（1）进行电平转换和功率放大。因为一般数控装置信号是 TTL 逻辑电路产生的电平，而控制机床信号则不一定是 TTL 电平，且负载较大，因此要进行必要的信号电平转换和功率放大。

（2）提高数控装置的抗干扰性能，防止外界的电磁干扰噪声而引起误动作。接口采用光电耦合器件或继电器，避免信号的直接连接。

GSK928TC 数控系统有 7 个接口（见图 2-3-4）：

X1：RS232 接口，DB9 针座。

X2：手轮接口，DB9 孔座。

X3：主轴编码器接口，DB9 针座。

X4：刀架接口，DB15 针座。

X5：电机接口，DB15 孔座。

X6：机床输入信号接口，DB25 针座。

X7：机床输出信号接口，DB25 孔座。

项目二 数控装置接口连线

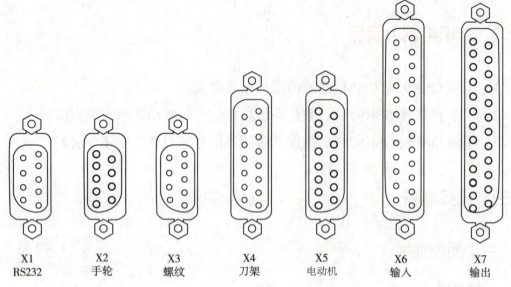

图 2-3-4 GSK928TC 数控系统接口

2. GSK928TC 数控系统接口

GSK928TC 数控系统接口框图及控制图如图 2-3-5、图 2-3-6 所示。

3. GSK928TC 接口说明

1）接口表

接口表参考图 2-3-7。

2）各接口信号详细说明

（1）X1：RS232 接口。

GSK928TC 数控系统可以通过 X1 接口与外部计算机进行数据交换与传递。X1 接口信号定义如图 2-3-8 所示，接线图如图 2-3-9 所示。

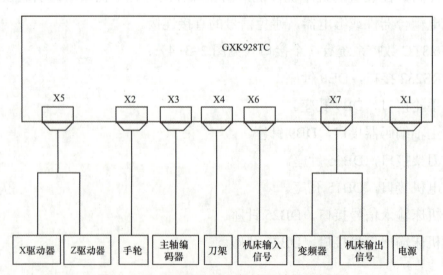

图 2-3-5 GSK928TC 数控系统接口框图

任务 2-3 连接数控系统的接口信号线

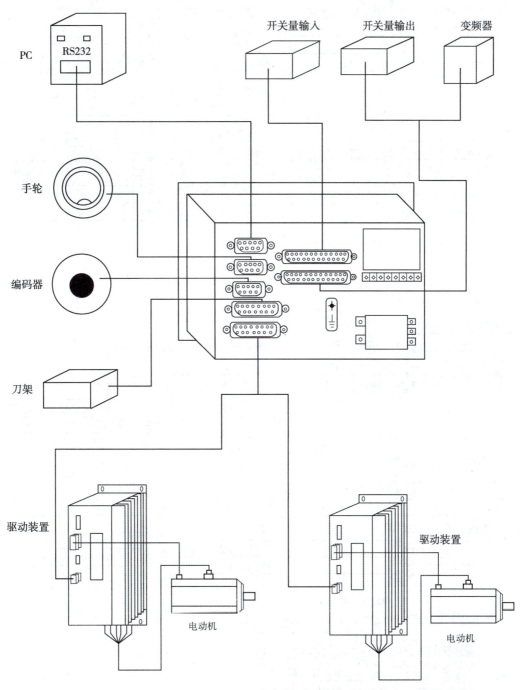

图 2-3-6　GSK928TC 数控系统接口控制图

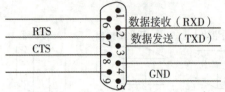

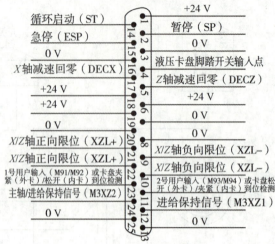

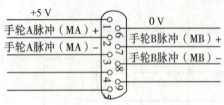

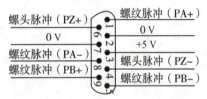

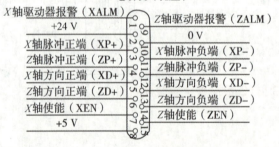

图 2-3-7　GSK928TC 接口表

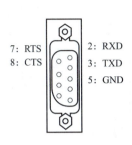

脚号	信号名	信号说明	信号方向
1	空		
2	RXD	数据接收	
3	TXD	数据发送	
4	空		
5	GND		
6	空		
7	RTS	暂未用	
8	CTS	暂未用	
9	空		

图 2-3-8　X1 接口信号定义

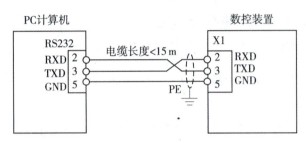

图 2-3-9　X1 接口信号与外接外部计算机接线图

（2）X2：手轮接口。

GSK928TC 数控系统通过手轮接口 X2 可外接手摇脉冲发生器（即手轮）。通过用手轮来控制坐标轴的移动。当手轮连接线长度小于 1 m 时，可以采用单端接法；当外接手轮线长度大于 1.5 m 时，建议采用差分接法，以提高抗干扰能力。

X2 接口信号定义如图 2-3-10 所示，接口原理如图 2-3-11 所示，接线图如图 2-3-12 所示。

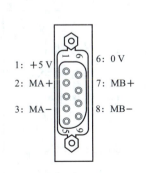

引脚号	信号名	引脚功能
1	+5V	
2	MA+	手轮 A 脉冲+
3	MA-	手轮 A 脉冲-
4	空	
5	空	
6	0V	
7	MB+	手轮 B 脉冲+
8	MB-	手轮 B 脉冲-
9	空	

图 2-3-10　X2 接口信号定义

项目二 数控装置接口连线

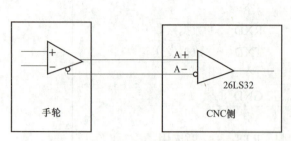

图 2-3-11 X2 接口信号原理图

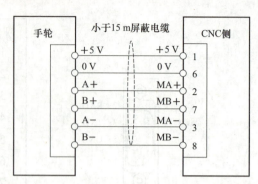

图 2-3-12 X2 接口信号与数控系统接线图

注意：

①用手轮脉冲发生器来控制轴移动时，在移动手轮时不可快速换向，否则可能会出现移动距离与手轮刻度不相符合的现象。

②系统与手轮连接电缆必须使用屏蔽电缆。

③当选择的手轮输出信号不是差分输出方式时，MA-、MB- 可以不连接。

（3）X3：主轴编码器接口。

GSK928TE 数控系统通过螺纹接口 X3 可外接主轴编码器，用于螺纹加工、攻牙等。

X3 接口信号定义如图 2-13-13 所示，接口原理如同 2-3-14 所示中，连接如图 2-3-15 所示。

技术规格：

（1）可选用 1 200 脉冲/转或 1 024 脉冲/转编码器。

（2）电源电压 +5 V。

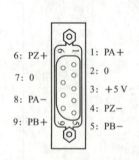

引脚号	信号名	引脚功能
1	PA+	编码器 A 脉冲 +
2	0V	
3	+5V	
4	PZ-	编码器 Z 脉冲 -
5	PB-	编码器 B 脉冲 -
6	PZ+	编码器 Z 脉冲 +
7	0V	
8	PA-	编码器 A 脉冲 -
9	PB+	编码器 B 脉冲 +

图 2-3-13 X3 接口信号定义

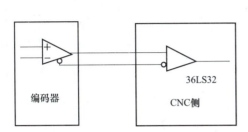

图 2-3-14　X3 接口信号原理图

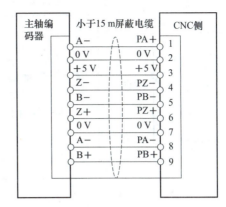

图 2-3-15　X3 接口信号与数控系统接线图

注意：

①系统与主轴编码器连接电缆必须使用屏蔽电缆，且屏蔽层必须与两端插座外壳相连。

②当主轴编码器输出信号不是差分输出方式时，PA-、PB-、PZ- 可以不连接，但此时编码器的输出信号的抗干扰能力会略为降低。本系统建议选用差分输出方式的主轴编码器。

（4）X4：刀架装置接口。

刀架接口连接机床电动刀架，本系统可选用 4～8 工位电动刀架，当刀位大于 4 时，通过 T1～T4 编码输入到数控系统。

信号定义：

X4 接口信号定义如图 2-3-16 所示，刀架正、反转信号 TL+、TL-（输出信号）连接原理如图 2-3-17 所示，刀位信号 T1、T2、T3、T4 连接原理如图 2-3-18 所示。

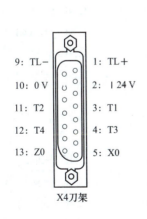

脚号	信号名	引脚功能
1	TL+	刀架正转输出信号
2	+24 V	
3	T1	1 号刀到位信号
4	T3	3 号刀到位信号
5	X0	X 轴零点输入信号
6	空	
7	空	
8	空	
9	TL-	刀架反转输出信号
10	0	+5 V 电源地
11	T2	2 号刀到位信号
12	T4	4 号刀到位信号
13	Z0	Z 轴零点输入信号
14	空	
15	空	

图 2-3-16　X4 接口信号定义

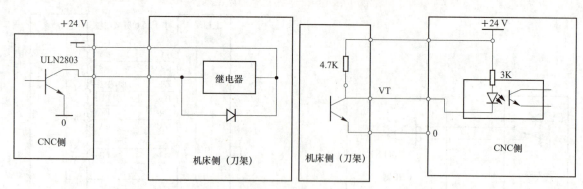

图 2-3-17　X4 接口信号（输出信号）原理图　　图 2-3-18　X4 接口信号（输入信号）原理图

VT 的有效电平为低电平有效，即刀位到位时，对应刀位信号与 0 V 之间导通，连接示例如图 2-3-19 所示。

（5）X5：进给驱动装置接口。

通过电动机驱动器接口 GSK928TC 数控系统可与伺服电动机驱动器相连接，控制进给电动机运动。X5 接口信号定义如图 2-3-20 所示，驱动器报警信号（XALM、ZALM）连接原理如图 2-3-21 所示。

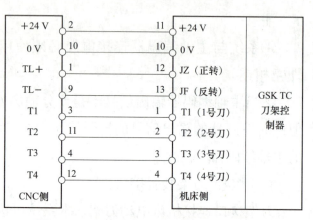

图 2-3-19　X4 接口信号与刀架接线图

X5电机（DB15孔）

1: XALM　9: ZALM
2: +24 V　10: 0 V
3: XP+　11: XP+
4: ZP-　12: ZP+
5: XD+　13: XD-
6: ZD+　14: ZD-
7: XEN　15: ZEN
8: +5 V

脚号	信号名	信号说明	信号方向
1	XALM	X 轴驱动器报警输入端	驱动器→CNC
2	+24V		
3	XP+	X 轴脉冲负端	CNC→驱动器
4	ZP-	Z 轴脉冲负端	CNC→驱动器
5	XD+	X 轴方向正端	CNC→驱动器
6	ZD+	Z 轴方向正端	CNC→驱动器
7	XEN	X 轴使能（或攻放）	CNC→驱动器
8	+5V		
9	ZALM	Z 轴驱动报警输入器	驱动器→CNC
10	0V	+5V 电源地	
11	XP-	X 轴脉冲正端	CNC→驱动器
12	ZP-	Z 轴脉冲正端	CNC→驱动器
13	XD-	X 轴方向负端	CNC→驱动器
14	ZD-	Z 轴方向负端	CNC→驱动器
15	ZEN	Z 轴使能（攻放）	CNC→驱动器

图 2-3-20　X5 接口信号定义

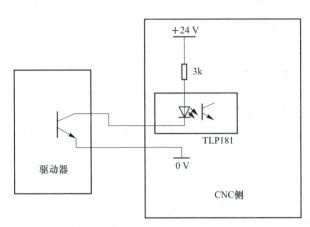

图 2-3-21　X5 接口中报警信号

X5 接口中的使能信号（XEN、ZEN）和脉冲信号（XP、ZP）分别如图 2-3-22 所示和图 2-3-23 所示。

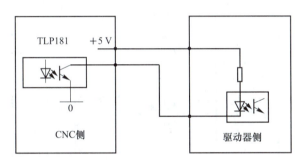 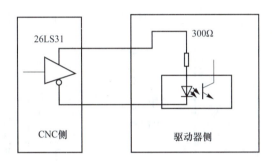

图 2-3-22　X5 接口中的使能信号　　　　图 2-3-23　X5 接口中的脉冲信号

GSK928TE 数控系统与混合式步进电动机驱动器（GSK DY3）连接如图 2-3-24、图 2-2-25、图 2-3-26、图 2-3-27 所示。

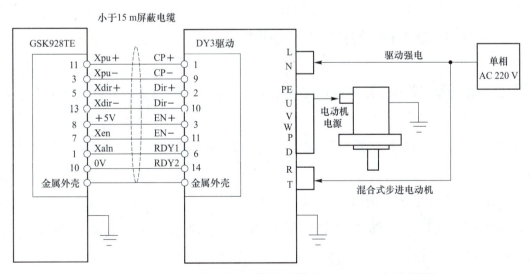

图 2-3-24　X5 接口与 X 轴驱动器（GSK DY3）接线图

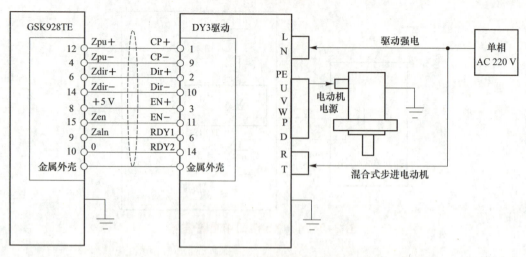

图 2-3-25　X5 接口与 Z 轴驱动器（GSK DY3）接线图

GSK928TE（X轴）		X轴脉冲+	DY3驱动器信号接口	
11	Xpu+	X轴脉冲−	1	CP+
3	Xpu−	X轴方向+	9	CP−
5	Xdir+	X轴方向−	2	Dir+
13	Xdir−	+5 V	10	Dir−
8	+5 V	X轴使能	3	DV+
7	Xen	X轴报警	11	DV−
1	Xaln		6	Alm
10	0 V		14	COM
金属外壳			金属外壳	

图 2-3-26　X5 接口与 X 轴驱动器
（GSK DY3）接线表

GSK928TE（Z轴）		Z轴脉冲+	DY3驱动器信号接口	
12	Zpu+	Z轴脉冲−	1	CP+
4	Zpu−	Z轴方向+	9	CP−
6	Zdir+	Z轴方向−	2	Dir+
14	Zdir−	+5 V	10	Dir−
8	+5 V	Z轴使能	3	DV+
15	Zen	Z轴报警	11	DV−
9	Zaln		6	Alm
10	0 V		14	COM
金属外壳			金属外壳	

图 2-3-27　X5 接口与 Z 轴驱动器
（GSK DY3）接线表

其他型号的步进驱动器与 GSK928TC 数控系统连接时，可使用对应的控制开关量，具体的连接方法见相应的驱动装置说明书。

注意：

①步进驱动器与数控系统间电缆必须用屏蔽电缆，否则可能因外部干扰引起电动机失步。

②数控系统、步进驱动器、步进电动机必须良好接地，防止外界干扰引起电动机失步。

（6）X6：开关量输入接口。

GSK928TE 数控系统具备 16 路开关量输入，全部采用光电隔离。X6 接口信号定义如图 2-3-28 所示。

通过输入信号，CNC 检测机床的状态，除 ESP 为与低电平断开有效外，其余均为与低电平导通有效。信号方向：机床→CNC。

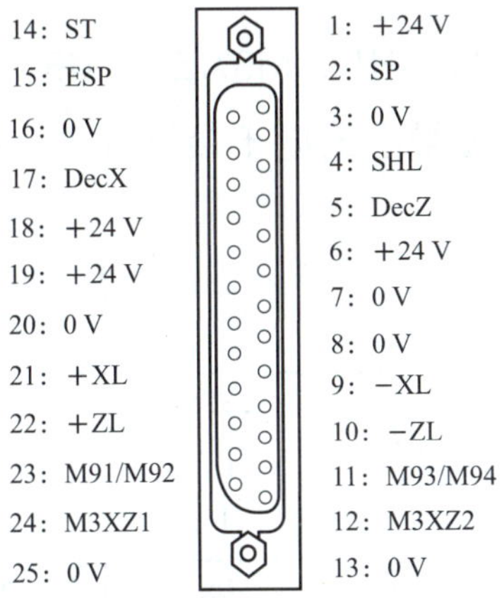

脚号名	信号名	引脚功能说明
1	+24 V	
2	SP	暂停
3	0 V	
4	SHL	液压卡盘脚踏开关输入点
5	DecZ	Z轴减速回零
6	+24 V	
7	0 V	
8	0 V	
9	−XL	X轴负向限位
10	−ZL	Z轴负向限位
11	M93/M94	2号用户输入/松开到位
12	M3XZ2	主轴/进给保持信号
13	0 V	
14	ST	循环启动
15	ESP	急停
16	0 V	
17	DecX	X轴减速回零
18	+24 V	
19	+24 V	
20	0 V	
21	+XL	X轴正向限位
22	+ZL	Z轴正向限位
23	M91/M92	1号用户输入/夹紧平位
24	M3XZ1	进给保持信号
25	0 V	

14: ST　　　　1: +24 V
15: ESP　　　 2: SP
16: 0 V　　　 3: 0 V
17: DecX　　　4: SHL
18: +24 V　　 5: DecZ
19: +24 V　　 6: +24 V
20: 0 V　　　 7: 0 V
21: +XL　　　 8: 0 V
22: +ZL　　　 9: −XL
23: M91/M92　10: −ZL
24: M3XZ1　　11: M93/M94
25: 0 V　　　12: M3XZ2
　　　　　　　13: 0 V

图 2-3-28　X6 接口信号定义

SP：外接暂停操作键信号。

ST：外接循环启动键信号。

ESP：紧急停机键信号（此信号必须连接）。

卡盘脚踏开关：液压卡盘的脚踏开关输入信号。

DecX：X轴机械回零减速信号。

DecZ：Z轴机械回零减速信号。DecX、DecZ 的用法见外部控制连接图。

−XZL：X、Z轴负向限位开关信号；将 X、Z 轴负向限位信号并连到该信号上。

+XZL：X、Z轴正向限位开关信号；将 X、Z 轴正向限位信号并连到该信号上。

M3XZ1：进给保持信号，当该信号有效（即开关的触点接通短路）时，进给锁住（即 X、Z 轴暂停）。

M3XZ2：主轴／进给保持信号，当该信号有效（即开关的触点接通短路）时，主轴及 X、Z 轴同时锁住（即主轴及 X、Z 轴暂停）。

M91/M92 或卡盘夹紧（外卡）/松开（内卡）到位检测：1 号用户输入信号／卡盘到位检测。

M93/M94 或卡盘松开（外卡）/夹紧（内卡）到位检测：2 号用户输入信号／卡盘到位检测。

DecX、DecZ、-XZL、+XZL、X0、Z0、M91、M93、SHL、M3XZ1、M3XZ2 信号既可使用机械触点式开关的常开触点，也可以使用无触点式电子接近开关（接近时输出低电平）。

输入信号的连接原理如图 2-3-29 所示。

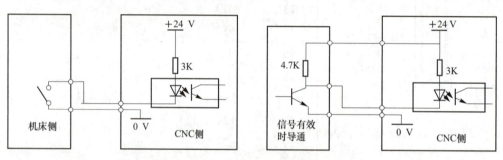

图 2-3-29　输入信号的连接原理

SP、ST 信号用机械触点式开关的常开触点；ESP 信号使用带自锁式的机械触点式开关的常闭触点。连接原理及连接示例如图 2-3-30 和图 2-3-31 所示。

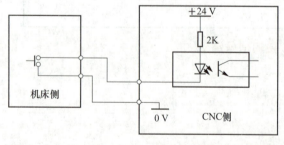 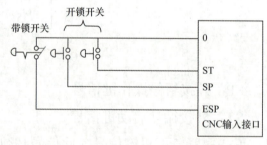

图 2-3-30　SP、ST、ESP 信号的连接原理　　图 2-3-31　SP、ST、ESP 信号与按钮开关的连接

注意：

①信号有效时，表示零点到达或机床工作台碰到限位开关。

②电子开关的晶体管导通时，输出电压应在 1 V 以内；晶体管断开时，输出电压应在 23 V 以上。

③建议系统输入电缆采用可屏蔽电缆，屏蔽层与插头金属壳和机床连接，可提高系统抗干扰能力。

（7）X7：输出信号接口。

GSK928TC 数控系统可以通过输出信号接口 X7 的变频器控制电压（SVC）输出信号与主轴变频器连接，在一定范围内实现主轴的无级变速。通过输出 M 指令的信号控制各 M 代码的运行。X7 接口信号定义如图 2-3-32 所示，接口原理如图 2-3-33、图 2-3-34 所示。

脚号名	信号名	引脚功能说明
1	+24 V	
2	+24 V	
3	S1/M41	主轴速度 1/ 主轴低挡
4	S2/M42	主轴速度 2/ 主轴中挡
5	S3/M43	主轴速度 3/ 主轴高挡
6	S4	主轴速度
7	MSP	主轴制动
8	M8	冷却泵开
9	N4	主轴反转
10		
11		
12		液压尾座脚踏开关输入点
13	SVC	变频器控制电压
14	+24 V	
15	0 V	
16	M21/M22/M79	1 号用户输出 / 尾座退
17	M23/M24/M78	2 号用户输出 / 尾座进
18	M11	卡盘松开
19	M10	卡盘松紧
20	M9	冷却泵关
21	M5	主轴停止
22	M3	主轴正转
23		
24		
25	0 V	

1: +24 V　　14: +24 V
2: +24 V　　15: 0 V
3: S1/M41　　16: M21/M22/M79
4: S2/M42　　17: M23/M24/M78
5: S3/M43　　18: M11
6: S4　　　　19: M10
7: MSP　　　20: M9
8: M8　　　　21: M5
9: M4　　　　22: M3
10: 空　　　　23: 空
11: 空　　　　24: 空
13: SVC　　　25: 0 V

图 2-3-32　X7 接口信号定义

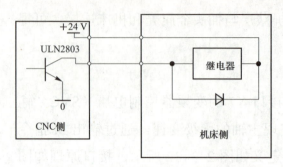
图 2-3-33 输出 M 指令的信号接口原理

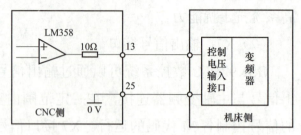
图 2-3-34 SVC 信号的输出信号接口原理

注意：

① CNC 输出信号，控制机床的有关动作，信号方向：CNC→机床。

② 除 SVC 信号外，各信号均由 ULN2803 晶体管阵列驱动，最大负载瞬间电流 200 mA，信号有效时，晶体管导通，公共端为 +24 V。

（二）实施设备准备

（1）计算机数控维修实训室 1 间。

（2）数控维修试验台 10 台。

（3）呆扳手 10 个。

（4）47 万用表 10 个。

（5）焊锡丝 1 卷。

四、任务方案

（1）以 3～4 人组成学习小组为作业单元，完成项目任务的实施。

试验台号	作业者	学号	组号	小组其他成员

（2）以小组讨论制定出任务实施方案。

五、任务实施

第1步：阅读与该任务相关的知识。

第2步：将GSK928TC数控试验台接口信号连接板上的电缆全部拆掉，如图2-3-35所示。

 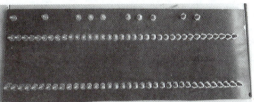

图2-3-35　接口信号连接板

第3步：连接数控系统接口与接口信号连接板的电缆，如图2-3-36所示。

图2-3-36　连接数控系统接口与接口信号连接板的电缆

第4步：连接主机与接口信号连接板的电缆，如图2-3-37所示。

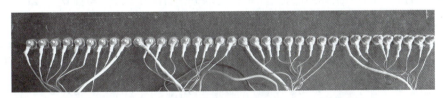

图2-3-37　连接主机与接口信号连接板的电缆

第5步：连接GSK928TC数控试验台与主机，如图2-3-38所示。

图2-3-38　连接数控试验台与主机

第6步：通电试机，调试正常。

六、任务总结评价

（一）自我评估

针对能力目标，对自己在任务实施过程中的表现给出分数（满分100分）并就A优秀、B良好、C合格、D不合格等级予以客观评价。

知识与能力	
问题与建议	
自我打分：　　　分	评价等级：　　　级

（二）小组评价

小组同学对该同学在任务实施过程中的表现给出分数（单项0~20分）并就等级予以客观、合理评价。

独立工作能力	学习创新能力	小组发挥作用	任务完成	其他
分	分	分	分	分
五项总计得分：　　　分			评价等级：　　　级	

（三）教师评价

指导教师根据学生在学习及任务实施过程中的工作态度、综合能力、任务完成情况予以评价。

得分：　　　分，评价等级：　　　级

（四）任务综合评价

姓名		小组		指导老师		班		
						年　　月　　日		
项目	评价标准		评价依据		自评	小组评	老师评	小计分
专业能力	1. 正确使用仪表、仪器； 2. 接线完整、正确； 3. 遇到问题能解决； 4. 有独立的工作能力和创新意识		1. 操作准确、规范； 2. 工作任务完成的程度及质量； 3. 独立工作能力； 4. 解决问题能力		0～25分	0～25分	0～50分	（自评+组评+师评）×0.6
职业素养	1. 遵守规章制度，劳动纪律； 2. 积极参加团队作业，有良好的协作精神； 3. 能综合运用知识，有较强的学习能力和信息分析能力； 4. 自觉遵守6S要求		1. 遵守纪律； 2. 工作态度； 3. 团队协作精神； 4. 学习能力； 5. 6S要求		0～25分	0～25分	0～50分	（自评+组评+师评）×0.4
评价	A（优秀）：100～90分 B（良好）：89～70分 C（合格）：69～60分 D（不合格）：59及以下分				能力+素养总计得分			分
					等级			级

七、知识和技能拓展

脉冲编码器又称码盘，是一种回转式数字测量元件，通常装在被检测轴上，随被测轴一起转动，可将被测轴的角位移转换为增量脉冲形式或绝对式的代码形式。根据内部结构和检测方式，码盘可分为接触式、光电式和电磁式三种。其中，光电码盘在数控机床上应用较多，而由霍尔效应构成的电磁码盘则可用作速度检测元件。另外，它还可分为绝对式和增量式两种。

（一）增量脉冲编码器

1. 增量脉冲编码器的结构和工作原理

增量脉冲编码器的内部结构如图2-3-39所示，光电码盘随被测轴一起转动，在光源的照射下，透过光电码盘和光栅板形成忽明忽暗的光信号，光敏元件把此光信号转换成电信号，通过信号处理装置的整形、放大等处理后输出。输出 A、B、Z 信号如图 2-3-40 所示，输出的波形有六路：A、$\bar{A}$、B、$\bar{B}$、Z、$\bar{Z}$，其中，$\bar{A}$、$\bar{B}$、$\bar{Z}$，是取的反信号。

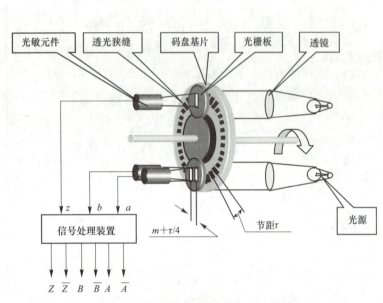

图 2-3-39 增量脉冲编码器的内部结构

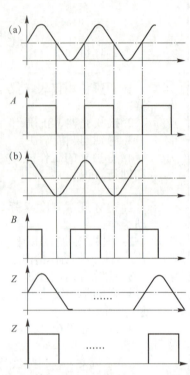

图 2-3-40 输出 A、B、Z 信号波形图

输出信号的作用及其处理：

1）A、B 两相的作用

如图 2-3-41 所示，分析出 A、B 两相的作用如下。

（1）根据脉冲的数目可得出被测轴的角位移。

（2）根据脉冲的频率可得被测轴的转速。

（2）根据 A、B 两相的相位超前滞后关系可判断被测轴旋转方向。

（4）后续电路可利用 A、B 两相的 90°相位差进行细分处理（四倍频电路实现）。

2）Z 相的作用

如图 2-3-42 所示，分析出 Z 相的作用如下：

（1）被测轴的周向定位基准信号。

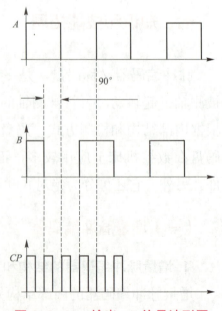

图 2-3-41 输出 AB 信号波形图

（2）被测轴的旋转圈数记数信号。

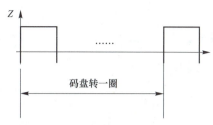

图 2-3-42　输出 Z 信号波形图

3. $\overline{A}$、$\overline{B}$、Z 的作用

后续电路可利用 A、$\overline{A}$ 两相实现差分输入，以消除远距离传输的共模干扰。

2．增量式码盘的规格及分辨率

1）规格

（1）增量式码盘的规格是指码盘每转一圈发出的脉冲数。

（2）现在市场上提供的规格从 36 线/转到 10 万线/转都有。

选择：

①伺服系统要求的分辨率。

②考虑机械传动系统的参数。

2）分辨率（分辨角）α

设增量式码盘的规格为 n 线/转：

$$\alpha = \frac{360°}{n}$$

（二）绝对式编码器

1．绝对式编码器结构和工作原理

如图 2-3-43 所示，码盘基片上有多圈码道，且每码道的刻线数相等，且对应每圈都有光电传感器，检测信号按某种规律编码输出，故可测得被测轴的周向绝对位置。

2．绝对式码盘的规格及分辨率

1）规格

（1）绝对式码盘的规格与码盘码道数 n 有关。

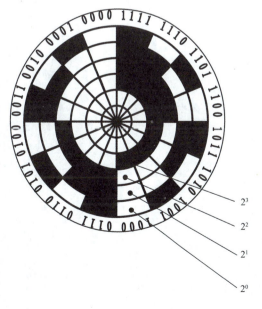

图 2-3-43　绝对式编码器结构和工作原理

（2）现在市场上提供从 4 道到 18 道都有。

（3）选择：

①伺服系统要求的分辨率。

②考虑机械传动系统的参数。

2）分辨率（分辨角）α

$$\alpha = \frac{360°}{2^n}$$

式中，n——码盘码道数。

3. 光电编码器的特点

（1）非接触测量，无接触磨损，码盘寿命长，精度保证性好。

（2）允许测量转速高，精度较高。

（3）光电转换，抗干扰能力强。

（4）体积小，便于安装，适合于机床运行环境。

（5）结构复杂，价格高，光源寿命短。

（6）码盘基片为玻璃，抗冲击和抗震动能力差。

项目三
数控车床电气控制线路识读

任务 3-1　数控车床电气控制线路识读

任务 3-2　数控维修试验台强电板装调

项目三 数控车床电气控制线路识读

任务 3-1 数控车床电气控制线路识读

一、任务要求

根据电路图 3-1-1，分析数控维修试验台的电路控制原理，完成表 3-1-1。

表 3-1-1 分析数控维修试验台的电路控制原理

序号	项目	原理分析说明
1	试验台启动停止控制电路	
2	主轴正反转控制电路	
3	冷却电动机控制电路	

二、知识与能力目标

（1）掌握机床维修试验台的电路控制原理。
（2）能够读懂一般的机床电路原理图。

三、任务准备（知识准备）

1. 常见的电气控制原理图

（1）用刀开关（或转换开关）直接控制三相异步电动机的电路，如图 3-1-2 所示。

优点：控制电路简单。

缺点：没有失压保护；不能实现遥控和自控；不便频繁启、停控制。

（2）点动控制电路，如图 3-1-3 所示。

工作原理：

启动：闭合开关 Q 接通电源→按 SB → KM 线圈得电→ KM 主触点闭合→ M 运转。

停止：松 SB2 → KM 线圈失电→ M 停。

任务 3-1 数控车床电气控制线路识读

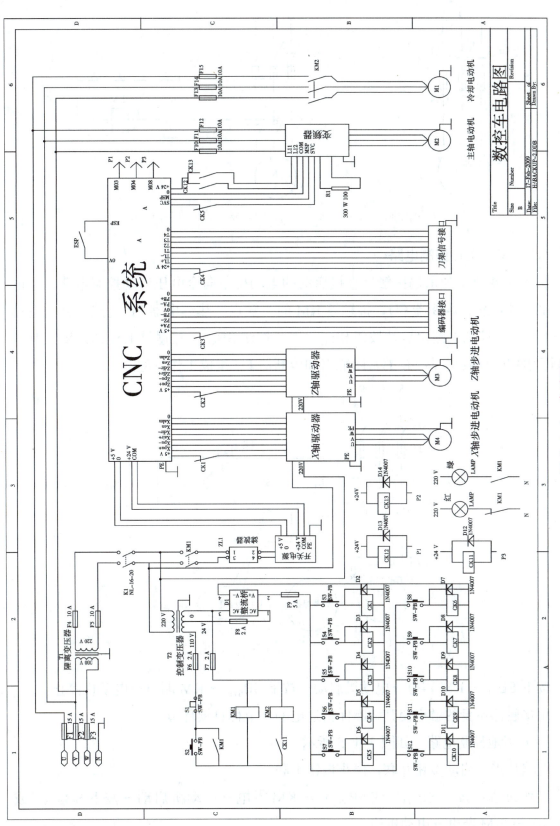

图 3-1-1 电路图

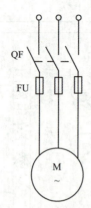
图 3-1-2　三相异步电动机电路

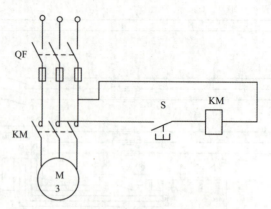
图 3-1-3　点动控制电路

（3）单向运行控制电路。

图 3-1-4 所示为采用接触器直接启动的电动机单向全电压启动控制电路，主电路由断路器 QF、熔断器 FU、接触器 KM 的主触点、热继电器 FR 的热元件与电动机 M 组成。控制电路由启动按钮 SB_{ST}、停止按钮 SB_{STP}、接触器 KM 的线圈及其常开辅助触点、热继电器 FR 的常闭触点和熔断器 FU 组成工作过程：

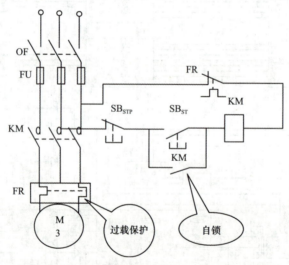
图 3-1-4　电动机单向全电压启动控制电路

按下 SB_{ST}→KM 得电→电动机启动→按下 SB_{STP}→KM 断电→电动机停止。
用接触器本身的触点使其线圈保持通电的环节称自锁环节。

（4）多地控制电路，如图 3-1-5 所示。

电路特点：启动按钮并联，停止按钮串联。

工作过程：按下 SB_{ST1}（或 SB_{ST2}）→KM 得电→电动机启动→按下 SB_{STP1}（或 SB_{STP2}）→KM 断电→电动机停止。

（5）正、反转互锁控制电路，如图 3-1-6 所示。

KM_F、KM_R 同时接通，会出现什么问题？

KM_F、KM_R 不能同时接通，否则造成电源短路。

电动机正、反转控制电路如图 3-1-7 所示。

KM_F 主触点接通，电动机正转；KM_R 主触点接通，电动机反转。

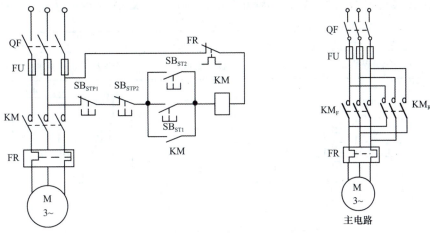

图 3-1-5　多地控制电路　　　　图 3-1-6　正、反转互锁控制电路

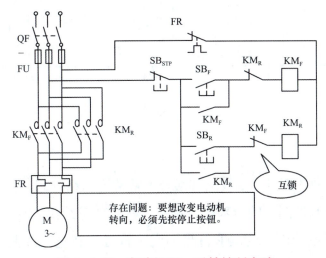

图 3-1-7　电动机正、反转控制电路

2. 基本电气识图

继电—接触控制电气图分为：电气原理图、电气元件布置图、电气安装接线图。

1）电气原理图

电气原理图表达所有电气元件的导电部件和接线端子之间的相互关系。根据便于阅读和分析线路及简单清晰的原则，电气原理图应该采用标准电气元件图形符号绘制。电气原理图一般分为主电路和控制电路两部分。主电路是从电源到电动机等通过大电流的电路。控制电路包括照明电路、信号电路和保护电路等，控制电路中流过的是小电流。图 3-1-8 所示为某车床电气原理图。

绘制电气原理图的规则：

（1）主电路画在左侧（或上方），控制电路画在右侧（或下方），各电气元件按动作顺序由上到下、从左到右依次排列。

（2）电气元件必须用国家统一规定的图形符号和文字符号标注。

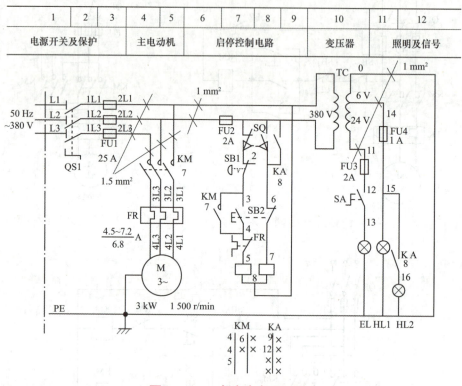

图 3-1-8　车床电气原理图

（3）同一电器的各部件（如线圈和触点）常常不画在一起，但用同一文字标明。

（4）电气控制原理图中的全部触点都按"常"状态绘出。

（5）电气控制系统图中的图形符号和文字符号。在电气控制系统中电气元件必须使用国家统一规定的图形符号和文字符号。国家规定从 1990 年 1 月 1 日起，电气控制系统图中的图形符号和文字符号必须符合最新的国家标准。

2）电气元件布置图

电气元件布置图主要用来表明各种电气元件在机械设备上和电气控制柜中的实际安装位置，为机械电气控制设备的制造、安装、维修提供必要的资料。各电气元件的安装位置是由机床的结构和工作要求决定的，比如，电动机要和被拖动的机械部件在一起，行程开关应放在要取得信号的地方，操作元件要放在操纵台及悬挂操纵箱等操作方便的地方，一般电气元件应放在控制柜内。图 3-1-9 所示为某车床电气布置图。

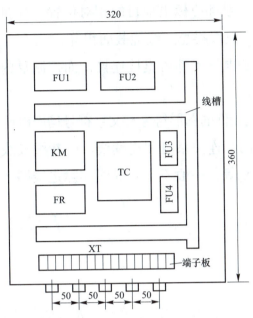

图 3-1-9　某车床电气布置图

3）电气安装接线图

电气安装接线图是用规定的图形符号，根据原理图，按各电气元件相对位置绘制的实际接线图，它清楚地表明了各电气元件的相对位置和它们之间的电路连接的详细信息，主要是为了安装电气设备和电气元件时进行配线或检查维修电气控制线路故障的。图 3-1-10 所示为某车床电气互连接线图。

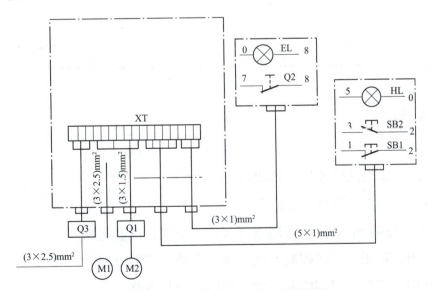

图 3-1-10　某车床电气互连接线图

《电气技术用文件的编制 第1部分：规则》（GB/T 6988.1—2008）中详细规定了电气安装接线图的编制规则。主要有：

（1）在接线图中，一般都应标出项目的相对位置、项目代号、端子间的电气连接关系、端子号、线号、线缆类型、线缆截面积等。

（2）同一控制盘上的电气元件可直接连接，而控制盘内元器件与外部元件连接时必须通过接线端子板。

（3）接线图中各电气元件的图形符号与文字符号均应以原理图为准，并保持一致。

（4）互连接线图中的互连关系可用连续线、中断线或线束表示，连接导线应注明导线根数、导线截面积等。一般不表示导线实际走线路径，施工时根据实际情况选择最佳走线方式。

四、任务方案

（1）以 3～4 人组成学习小组为作业单元，完成项目任务的实施。

试验台号	作业者	学号	组号	小组其他成员

（2）以小组讨论制定出任务实施方案。

五、任务实施

第 1 步：阅读与该任务相关的知识。

第 2 步：画出 3 个项目的电路图。

（1）画出试验台启动停止控制电路（含主电路、控制电路）。

（2）画出主轴正、反转控制电路（含主电路、控制电路）。

（3）画出冷却电机控制电路（含主电路、控制电路）。

第 3 步：分析工作原理并填写表 3-1-1。

六、任务总结评价

（一）自我评估

针对能力目标，对自己在任务实施过程中的表现给出分数（满分 100 分）并就 A 优秀、B 良好、C 合格、D 不合格等级予以客观评价。

知识与能力	
问题与建议	
自我打分：　　　分	评价等级：　　　级

（二）小组评价

小组同学对该同学在任务实施过程中的表现给出分数（单项 0～20 分）并就等级予以客观、合理评价。

独立工作能力	学习创新能力	小组发挥作用	任务完成	其他
分	分	分	分	分
五项总计得分：　　　分			评价等级：　　　级	

（三）教师评价

指导教师根据学生在学习及任务实施过程中的工作态度、综合能力、任务完成情况予以评价。

得分：　　　分，评价等级：　　　级

七、知识和技能拓展

技能拓展：

图 3-1-11 为凯达 KDX6 V 数控铣床的电气原理图，分析其工作原理。

项目三 数控车床电气控制线路识读

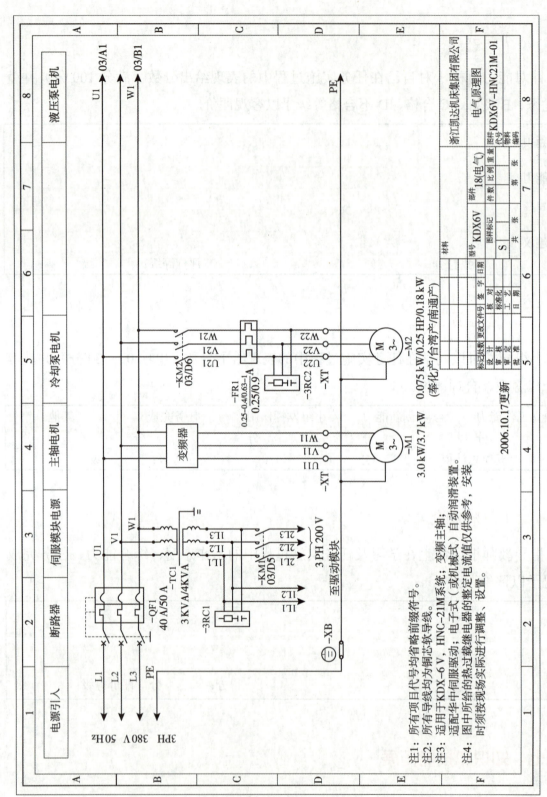

图 3-1-11 凯达 KDX6V 数控铣床的电气原理图图 1

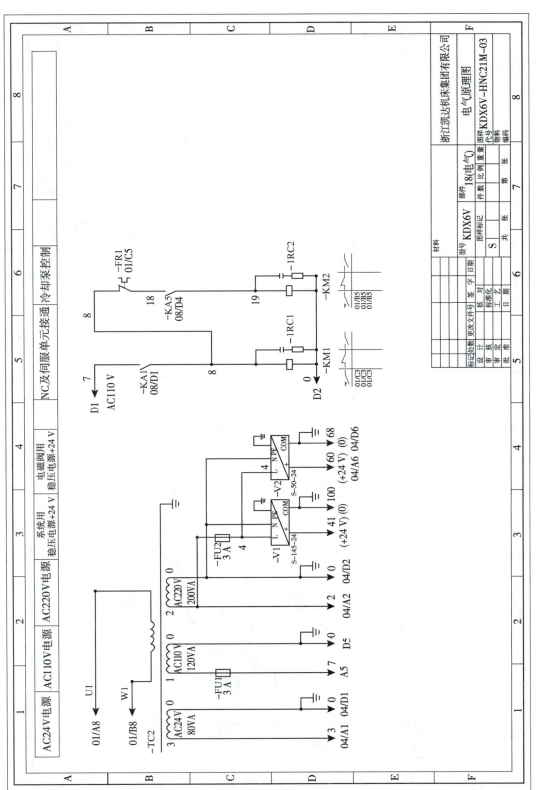

图 3-1-11 凯达 KDX6V 数控铣床的电气原理图 2（续）

项目三 数控车床电气控制线路识读

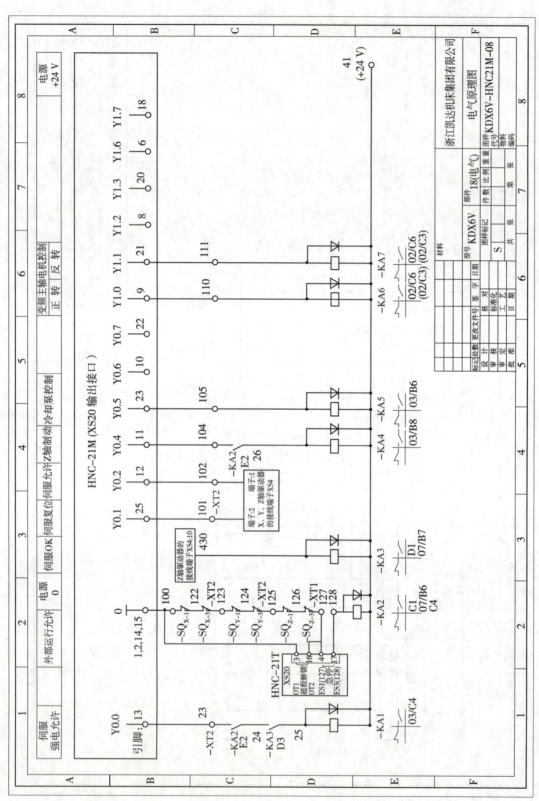

图 3-1-11 凯达 KDX6V 数控铣床的电气原理图 3（续）

任务 3-2　数控维修试验台强电板装调

一、任务要求

根据电路图 3-2-1，完成数控维修试验台强电板（见图 3-2-2）的安装和调试。

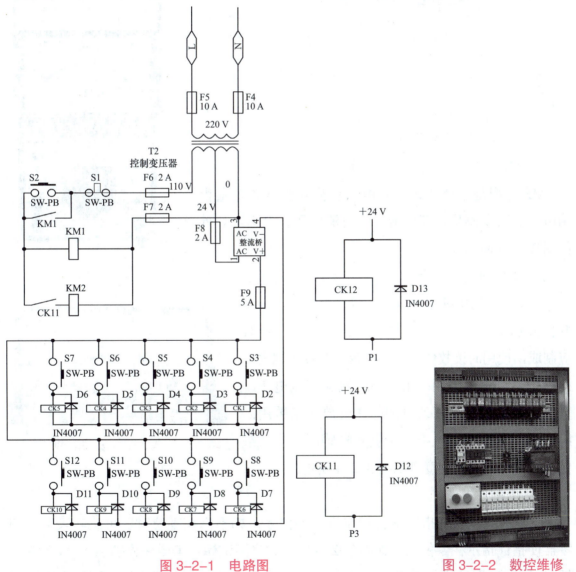

图 3-2-1　电路图

图 3-2-2　数控维修试验台强电板

要求：

（1）安装完成后如图 3-2-1 所示。

（2）在按下绿色启动按钮后接触器 KM1 能够吸合，按下红色停止按钮后接触器 KM1 能够关断。

二、知识与能力目标

（1）掌握机床维修试验台强电板电路的控制原理。
（2）能够使用万用表进行电路的测量。
（3）掌握一般的电路接线方法。

三、任务准备

（一）知识准备

1. MF47 型万用表的使用

1）MF47 型万用表的基本功能

MF47 型是设计新颖的磁电系整流式便携式多量程万用电表，可供测量直流电流、交直流电压、电阻等。外形如图 3-2-3 所示。

图 3-2-3　MF47 型万用表

2）刻度盘与挡位盘

刻度盘与挡位盘印制成红、绿、黑三色。表盘颜色分别按交流红色、晶体管绿色、其余黑色对应制成，使用时读数便捷。刻度盘共有 6 条刻度，第一条专供测电阻用；第二条供测交直流电压、直流电流之用；第三条供测晶体管放大倍数用；第四条供测电容用；第五条供测电感用；第六条供测音频电平用。刻度盘如图 3-2-4 所示。

图 3-2-4　MF47 型万用表刻度盘

3）使用方法

在使用前应检查指针是否指在机械零位上，如不指在零位时，可旋转表盖的调零器使指针指示在零位上，如图 3-2-5 所示。将测试棒红黑插头分别插入"+""–"插座中（如测量交直流电压 2 500 V 或直流 5 A 时，红插头则应分别插到标有 2 500 V 或 5 A 的插座中）。

（1）交直流电压测量。测量交流 10 ~ 1 000 V 或直流 0.25 ~ 1 000 V 时，转动开关至所需电压挡。

（2）直流电阻测量。装上电池（R14 型 2#1.5 V 及 6F22 型 9 V 各一只），转动开关至所需测量的电阻挡，将测试棒两端短接，旋转零欧姆调整旋钮，使指针对准欧姆"0"位上（若不能指示欧姆零位，则说明电池电压不足，应更换电池），如图 3-2-6 所示，然后将测试棒跨接于被测电路的两端进行测量。

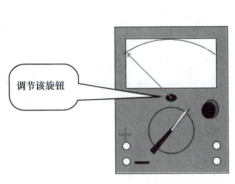

图 3-2-5　调零器的调节

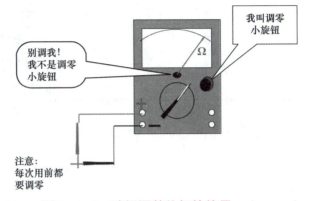

图 3-2-6　欧姆调整旋钮的使用

准确测量电阻时，应选择合适的电阻挡位，使指针尽量能够指向表刻度盘中间 1/3 区域。用电阻挡时，每次换挡要调零。测量电阻时手不要接触表棒及电阻的金属部分，否则会因人体电阻而引起误差。

注意事项：

①测量时，注意不能用错挡位，如测量电阻时应选择欧姆挡。

②测量电压和电流时，如果不知道它们的大约值，一定要先把挡位放在最高挡，然后再逐步调整，直到测量的读数在满刻度的 2/3 左右。

③安全用电，不能带电调整挡位；注意安全，手不要接触表棒的金属部分；不能测带电的电阻，否则会烧坏表头。

2. 工具的使用

使用工具如图 3-2-7 所示。

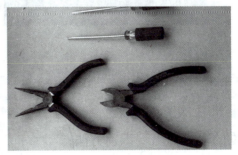

图 3-2-7　使用工具

（二）工具准备（见表 3-2-1）

表 3-2-1　工具准备

序号	工具名称	数量
1	尖嘴钳	1
2	斜口钳	1
3	十字螺丝刀	1
4	一字螺丝刀	1
5	MF47 型万用表	1

（三）材料准备（见表 3-2-2）

表 3-2-2　材料准备

序号	材料名称	数量	备注
1	启停按钮盒	1	S1、S2
2	桥堆	1	D1
3	变压器	1	T2
4	接触器	2	KM1、KM2
5	继电器及继电器座	各 12	CK1-12

1. 启停按钮组

启停按钮如图 3-2-8 所示。

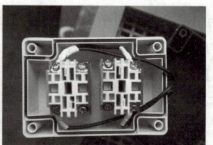

图 3-2-8　启停按钮

2. 桥堆

桥堆如图 3-2-9 所示。

桥堆的输入输出端识别方法：

输入端：为交流输入，标记"AC"端及其对角端。

输出端：为直流输出，标记"+"端及其对角端（为"-"端）。

3. 变压器

变压器如图3-2-10所示。

图3-2-9 桥堆外观

图3-2-10 变压器

0～1为交流输入端（220 V）。

11—15为交流输出端：11与13输出24 V，11与15输出220 V。

4. 接触器

接触器如图3-2-11所示。

常开主触点3对：L1与T1，L2与T2，L3与T3。

NO：为常开触点，13NO与14NO为1组常开触点。

NC：为常闭触点。

A1、A2端为接触器的线圈两端。

5. 继电器及继电器座

继电器及继电器座如图3-2-12所示。

图3-2-11 接触器

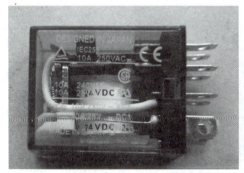

图3-2-12 继电器及继电器座

四、任务方案

（1）以3～4人组成学习小组为作业单元，完成项目任务的实施。

项目三 数控车床电气控制线路识读

试验台号	作业者	学号	组号	小组其他成员

（2）以小组讨论制定出任务实施方案。

五、任务实施

第1步：阅读与该任务相关的知识。

第2步：根据电路图进行接线，完成如图3-2-2所示数控维修试验台强电板。

六、任务总结评价

（一）自我评估

针对能力目标，对自己在任务实施过程中的表现给出分数（满分100分）并就A优秀、B良好、C合格、D不合格等级予以客观评价。

知识与能力	
问题与建议	
自我打分：　　　分	评价等级：　　　级

（二）小组评价

小组同学对该同学在任务实施过程中的表现给出分数（单项0～20分）并就等级予以客观、合理评价。

独立工作能力	学习创新能力	小组发挥作用	任务完成	其他
分	分	分	分	分
五项总计得分： 分			评价等级： 级	

（三）教师评价

指导教师根据学生在学习及任务实施过程中的工作态度、综合能力、任务完成情况予以评价。

得分： 分，评价等级： 级

（四）任务综合评价

姓名		小组	指导教师		班	
				年	月	日

项目	评价标准	评价依据	自评	小组评	老师评	小计分
专业能力	1. 正确使用仪表、仪器； 2. 接线完整、正确； 3. 遇到问题能解决； 4. 有独立的工作能力和创新意识	1. 操作准确、规范； 2. 工作任务完成的程度及质量； 3. 独立工作能力； 4. 解决问题能力	0～25分	0～25分	0～50分	（自评＋组评＋师评）×0.6
职业素养	1. 遵守规章制度，劳动纪律； 2. 积极参加团队作业，有良好的协作精神； 3. 能综合运用知识，有较强的学习能力和信息分析能力； 4. 自觉遵守 6S 要求	1. 遵守纪律； 2. 工作态度； 3. 团队协作精神； 4. 学习能力； 5. 6S 要求	0～25分	0～25分	0～50分	（自评＋组评＋师评）×0.4
评价	A（优秀）：100～90分 B（良好）：89～70分 C（合格）：69～60分 D（不合格）：59及以下分		能力＋素养总计得分			分
			等级			级

项目四
数控机床机械部件装配

任务 4-1　CKA6140 数控车床整体拆卸

任务 4-2　立式加工中心 XH7125 拆卸

任务 4-3　四工位刀架的拆卸

任务 4-1　CKA6140 数控车床整体拆卸

一、任务要求

使用斐克 VNUM 数控机床调试维修教学软件，对 CKA6140 数控车床进行整体拆卸。

二、知识与能力目标

（1）了解 CKA6140 数控车床的主要组成部件。
（2）掌握斐克 VNUM 数控机床调试维修教学软件机械装调模块的使用方法。
（3）了解数控车床的拆卸步骤及拆卸使用的工具。

三、任务准备

（一）知识准备

1. 进入斐克 VNUM 数控机床调试维修教学软件

（1）双击图标 进入如图 4-1-1 界面。

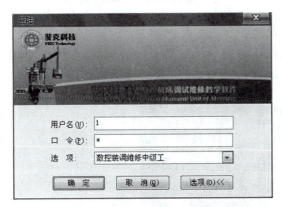

图 4-1-1　进入斐克 VNUM 数控机床调试维修教学软件（一）

图 4-1-2　进入斐克 VNUM 数控机床调试维修教学软件（二）

（2）输入正确的口令，单击"确定"按钮进入如图 4-1-2 的界面。

项目四 数控机床机械部件装配

（3）再单击"确定"按钮进入如图 4-1-3 所示界面。

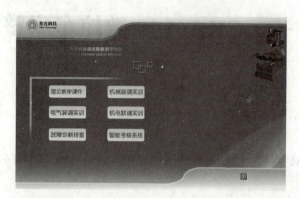

图 4-1-3 进入斐克 VNUM 数控机床调试维修教学软件（三）

2. 进入 CKA6140 数控车床进行整体拆卸实训任务

（1）单击"机械装调实训"，出现如图 4-1-4 所示画面。

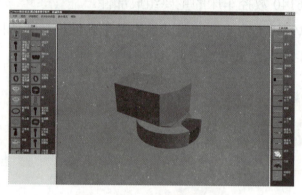

图 4-1-4 机械装调实训

（2）在菜单列表里选择"实训任务类型"选项，在"操作模式"里选择"拆卸"，在"训练模式"里选择"教学模式"（在实训模式里，左下角没有文字提示。主要让学生练习对拆卸方面掌握的能力。如果选择不对，会有文字提示"不正确"）。用同样的方法在"实训任务类型"中选择"平床身数控车 CKA6140"，如图 4-1-5 所示。

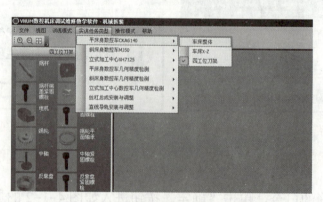

图 4-1-5 平床身数控车 CKA6140

(3)选择"车床整体",如图4-1-6所示。

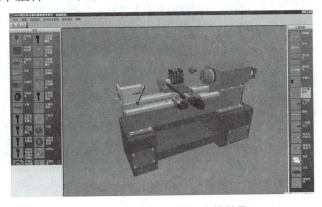

图4-1-6　选择"车床整体"

3. 拆卸"蜗杆端盖冒"

在图4-1-6车床视图中选择"蜗杆端盖冒",如图4-1-7所示,根据左下角画面提示选择"一字螺丝刀",完成"蜗杆端盖冒"的拆卸。完成后如图4-1-8所示。

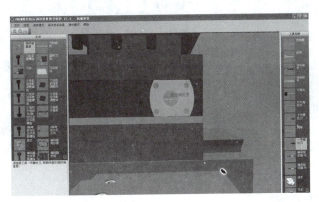

图4-1-7　选择"蜗杆端盖冒",选择工具"一字螺丝刀"

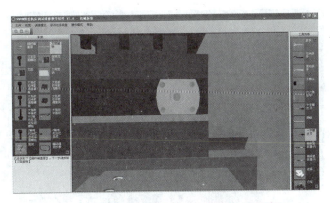

图4-1-8　完成"蜗杆端盖冒"的拆卸

4. 拆卸"刀架旋转"

工具选择"内六角扳手",完成"刀架旋转"的拆卸,完成后如图4-1-9所示。

项目四 数控机床机械部件装配

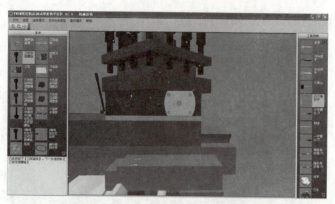

图 4-1-9 拆卸"刀架旋转"

5. 拆卸"刀架紧固螺栓"

工具选择"内六角扳手",完成后如图 4-1-10 所示。

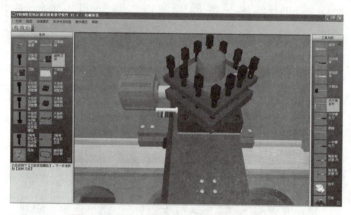

图 4-1-10 拆卸"刀架紧固螺栓"

6. 拆卸"旋转刀架"

工具选择"内六角扳手",完成后如图 4-1-11 所示。

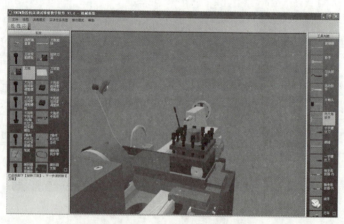

图 4-1-11 拆卸"旋转刀架"

7. 拆卸"刀架"

工具选择"徒手",完成后如图 4-1-12 所示。

图 4-1-12 拆卸"刀架"

8. 拆卸"刀架垫块"

工具选择"徒手",完成后如图 4-1-13 所示。

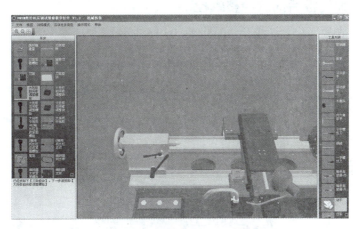

图 4-1-13 拆卸"刀架垫块"

9. 拆卸"大托板前间歇调整螺栓"

工具选择"内六角扳手",完成后如图 4-1-14 所示。

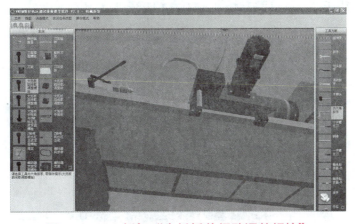

图 4-1-14 拆卸"大托板前间歇调整螺栓"

10. 拆卸"大托板前间隙调整块"

工具选择"徒手",完成后如图 4-1-15 所示。

图 4-1-15　拆卸"大托板前间隙调整块"

11. 拆卸"大托板后间隙调整螺栓"

工具选择"徒手",完成后如图 4-1-16 所示。

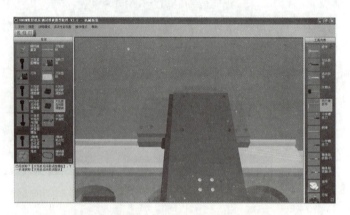

图 4-1-16　拆卸"大托板后间隙调整螺栓"

12. 拆卸"大托板后间隙调整块"

工具选择"徒手",完成后如图 4-1-17 所示。

图 4-1-17　拆卸"大托板后间隙调整块"

13. 拆卸"大拖板中拖板"与"Z 轴丝杠总成紧固螺栓"

工具选择"内六角扳手",完成后如图 4-1-18 所示。

图 4-1-18　拆卸"大拖板中拖板"与"Z 轴丝杠总成紧固螺栓"

14. 拆卸"大拖板中拖板"

工具选择"电磁吸铁",完成后如图 4-1-19 所示。

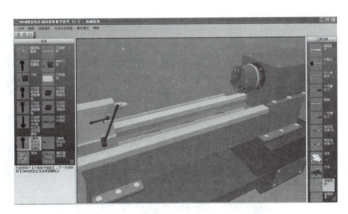

图 4-1-19　拆卸"大拖板中拖板"

15. 拆卸"Z 轴电机丝杠总成紧固螺栓"

工具选择"内六角扳手",完成后如图 4-1-20 所示。

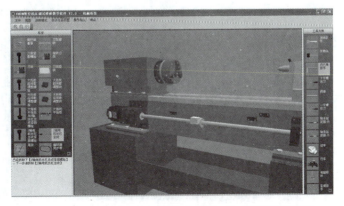

图 4-1-20　拆卸"Z 轴电机丝杠总成紧固螺栓"

16. 拆卸"Z轴电机丝杠总成"

工具选择"徒手",完成后如图 4-1-21 所示。

图 4-1-21 拆卸"Z轴电机丝杠总成"

17. 拆卸"尾架"

工具选择"电磁吸铁",完成后如图 4-1-22 所示。

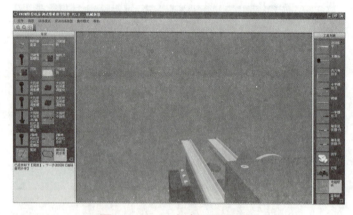

图 4-1-22 拆卸"尾架"

18. 拆卸"编码器同步带"

工具选择"徒手",完成后如图 4-1-23 所示。

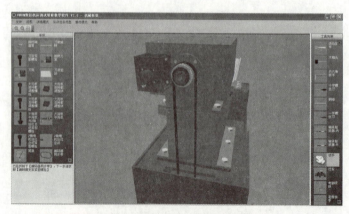

图 4-1-23 拆卸"编码器同步带"

19. 拆卸"编码器支架紧固螺栓"

工具选择"内六角扳手",完成后如图 4-1-24 所示。

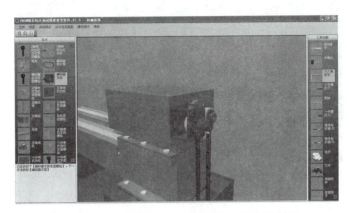

图 4-1-24　拆卸"编码器支架紧固螺栓"

20. 拆卸"编码器支架"

工具选择"徒手",完成后如图 4-1-25 所示。

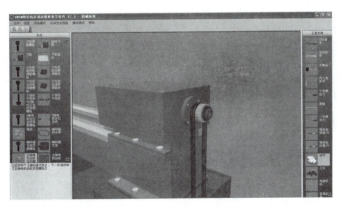

图 4-1-25　拆卸编码器支架

21. 拆卸"主轴电机挡板紧固螺栓"

工具选择"一字螺丝刀",完成后如图 4-1-26 所示。

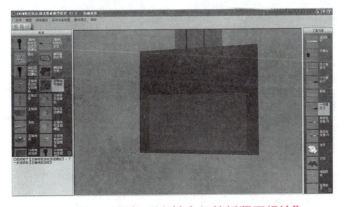

图 4-1-26　拆卸"主轴电机挡板紧固螺栓"

22. 拆卸"主轴电机挡板"

工具选择"徒手",完成后如图 4-1-27 所示。

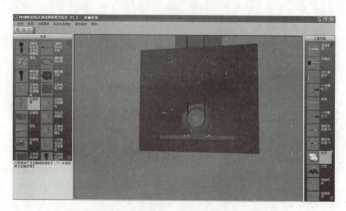

图 4-1-27　拆卸"主轴电机挡板"

23. 拆卸"主轴皮带"

工具选择"徒手",完成后如图 4-1-28 所示。

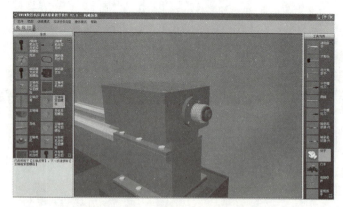

图 4-1-28　拆卸"主轴皮带"

24. 拆卸"主轴箱紧固螺栓"

工具选择"工具扳手",完成后如图 4-1-29 所示。

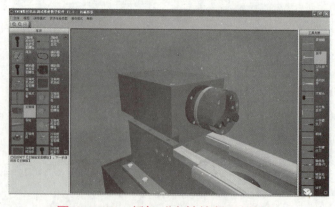

图 4-1-29　拆卸"主轴箱紧固螺栓"

25. 拆卸"主轴箱"

工具选择"电磁吸铁",完成后如图 4-1-30 所示。

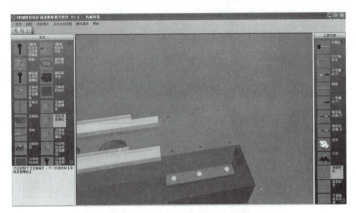

图 4-1-30 "拆卸主轴箱"

26. 拆卸"导轨紧固螺栓"

工具选择"扳手",完成后如图 4-1-31 所示。

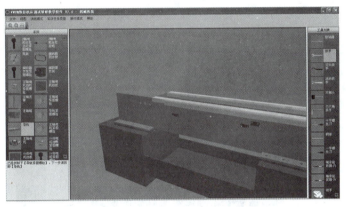

图 4-1-31 拆卸"导轨紧固螺栓"

27. 拆卸"导轨"

工具选择"电磁吸铁",完成后如图 4-1-32 所示。

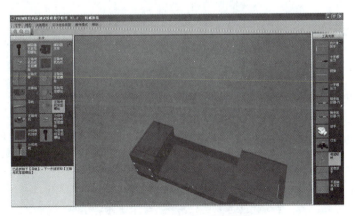

图 4-1-32 拆卸"导轨"

28. 拆卸"主轴电机紧固螺栓"

工具选择"扳手",完成后如图 4-1-33 所示。

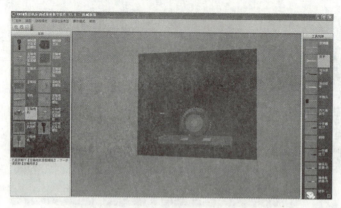

图 4-1-33　拆卸"主轴电机紧固螺栓"

29. 拆卸"主轴电机"

工具选择"徒手",完成后如图 4-1-34 所示。

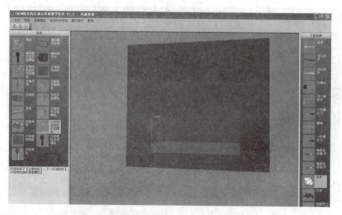

图 4-1-34　拆卸"主轴电机"

30. 拆卸"冷却电机挡板紧固螺栓"

工具选择"一字螺丝刀",完成后如图 4-1-35 所示。

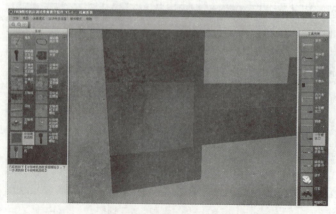

图 4-1-35　拆卸"冷却电机挡板紧固螺栓"

31. 拆卸"冷却电机挡板"

工具选择"徒手",完成后如图4-1-36所示。

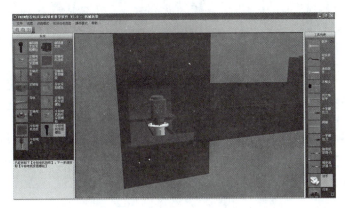

图 4-1-36　拆卸"冷却电机挡板"

32. 拆卸"冷却电机紧固螺栓"

工具选择"内六角扳手",完成后如图4-1-37所示。

图 4-1-37　拆卸"冷却电机紧固螺栓"

33. 拆卸"冷却电机"

工具选择"徒手",完成后如图4-1-38所示。拆卸完毕。

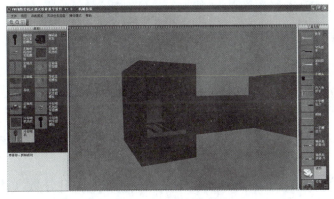

图 4-1-38　拆卸"冷却电机"

（二）实施设备准备

（1）计算机。

（2）数控维修软件。

四、任务方案

（1）以3～4人组成学习小组为作业单元，完成项目任务的实施。

试验台号	作业者	学号	组号	小组其他成员

（2）以小组讨论制定出任务实施方案。

五、任务实施

第1步：阅读与该任务相关的知识。

第2步：按照相关知识中的步骤进行操作。

六、任务总结评价

（一）自我评估

针对能力目标，对自己在任务实施过程中的表现给出分数（满分100分）并就A优秀、B良好、C合格、D不合格等级予以客观评价。

知识与能力	
问题与建议	
自我打分：　　　分	评价等级：　　　级

（二）小组评价

小组同学对该同学在任务实施过程中的表现给出分数（单项 0～20 分）并就等级予以客观、合理评价。

独立工作能力	学习创新能力	小组发挥作用	任务完成	其他
分	分	分	分	分
五项总计得分：　　　分			评价等级：　　　级	

（三）教师评价

指导教师根据学生在学习及任务实施过程中的工作态度、综合能力、任务完成情况予以评价。

得分：　　　分，评价等级：　　　级

（四）任务综合评价

姓名		小组	指导老师			班	
					年	月	日
项目	评价标准		评价依据	自评	小组评	老师评	小计分
专业能力	1. 按要求完成工作任务； 2. 能灵活运用相关指令和正确使用工具； 3. 拆卸顺序过程正确、规范		1. 操作准确、规范； 2. 工作任务完成的程度及质量； 3. 独立工作能力； 4. 解决问题能力	0～25分	0～25分	0～50分	（自评+组评+师评）×0.6
职业素养	1. 遵守规章制度和劳动纪律； 2. 积极参加团队作业，有良好的协作精神； 3. 能综合运用知识，有较强的学习能力和信息分析能力； 4. 自觉遵守6S要求		1. 遵守纪律； 2. 工作态度； 3. 团队协作精神； 4. 学习能力； 5. 6S要求	0～25分	0～25分	0～50分	（自评+组评+师评）×0.4
评价	A（优秀）：100～90分 B（良好）：89～70分 C（合格）：69～60分 D（不合格）：59及以下分			能力+素养 总计得分			分
				等级			级

七、知识和技能拓展

使用斐克VNUM数控机床调试维修教学软件，对数控车床进行整体安装。

任务 4-2　立式加工中心 XH7125 拆卸

一、任务要求

使用斐克 VNUM 数控机床调试维修教学软件，对立式加工中心 XH7125 进行整体拆卸。

二、知识与能力目标

（1）了解立式加工中心 XH7125 的主要组成部件。
（2）掌握斐克 VNUM 数控机床调试维修教学软件机械装调模块的使用方法。
（3）了解加工中心的拆卸步骤及拆卸使用的工具。

三、任务准备

（一）知识准备

1. 进入斐克 VNUM 数控机床调试维修教学软件

单击"机械装调实训"，出现如图 4-2-1 所示画面。

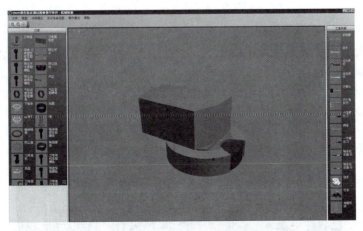

图 4-2-1　进入斐克 VNUM 数控机床调试维修教学软件

在菜单列表里选择"实训任务类型"，在操作模式里选择"拆卸"，在训练模式里选择"教学模式"。同样的方法在"实训任务类型"中选择"立式加工中心

XH7125"下的"加工中心",如图 4-2-2 所示。

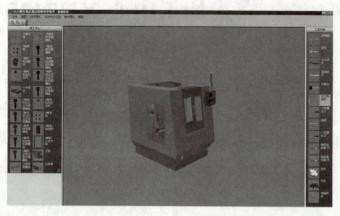

图 4-2-2　加工中心

2. 拆卸"机床罩"

工具选择"徒手",完成后如图 4-2-3 所示。

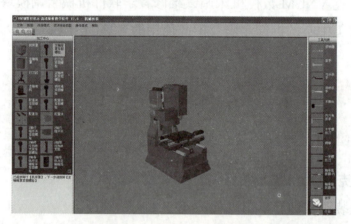

图 4-2-3　拆卸"机床罩"

3. 拆卸"主轴箱罩紧固螺栓"

工具选择"内六角扳手",完成后如图 4-2-4 所示。

图 4-2-4　拆卸"主轴箱罩紧固螺栓"

4. 拆卸"主轴箱罩"

工具选择"徒手",完成后如图 4-2-5 所示。

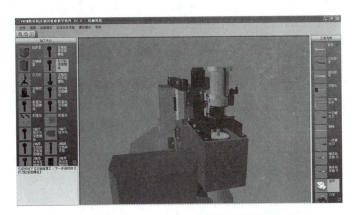

图 4-2-5　拆卸"主轴箱罩"

5. 拆卸"打刀缸紧固螺栓"

工具选择"内六角扳手",完成后如图 4-2-6 所示。

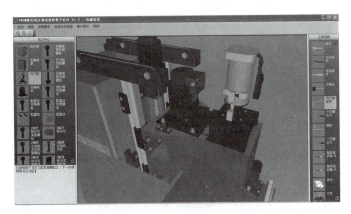

图 4-2-6　拆卸"打刀缸紧固螺栓"

6. 拆卸"打刀缸"

工具选择"徒手",完成后如图 4-2-7 所示。

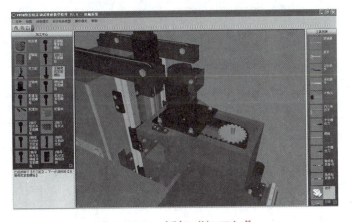

图 4-2-7　拆卸"打刀缸"

7. 拆卸"主轴电机紧固螺栓"

工具选择"内六角扳手",完成后如图 4-2-8 所示。

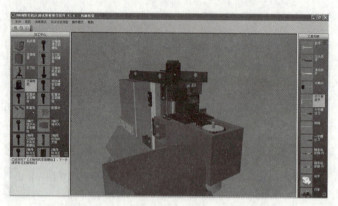

图 4-2-8　拆卸"主轴电机紧固螺栓"

8. 拆卸"主轴电机"

工具选择"徒手",完成后如图 4-2-9 所示。

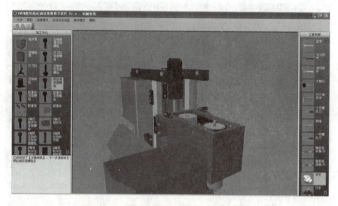

图 4-2-9　拆卸"主轴电机"

9. 拆卸"钢丝绳紧固螺栓"

工具选择"内六角扳手",完成后如图 4-2-10 所示。

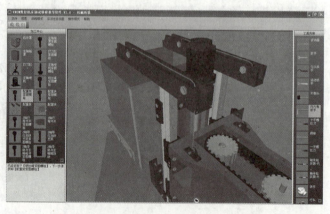

图 4-2-10　拆卸"钢丝绳紧固螺栓"

10. 拆卸"配重架紧固螺栓"

工具选择"内六角扳手",完成后如图 4-2-11 所示。

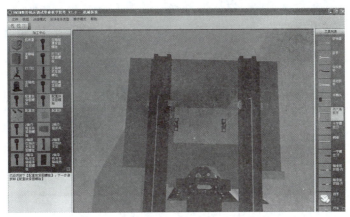

图 4-2-11　拆卸"配重架紧固螺栓"

11. 拆卸"配重块紧固螺栓"

工具选择"内六角扳手",完成后如图 4-2-12 所示。

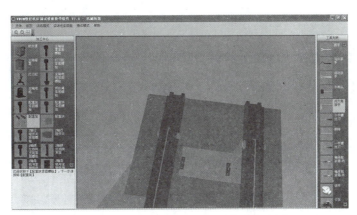

图 4-2-12　拆卸"配重块紧固螺栓"

12. 拆卸"配重架"

工具选择"内六角扳手",完成后如图 4-2-13 所示。

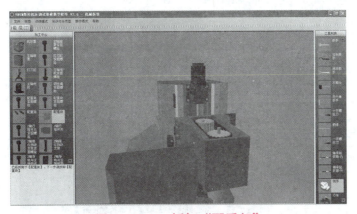

图 4-2-13　拆卸"配重架"

项目四 数控机床机械部件装配

13. 拆卸"配重块"

工具选择"电磁吸铁",完成后如图 4-2-14 所示。

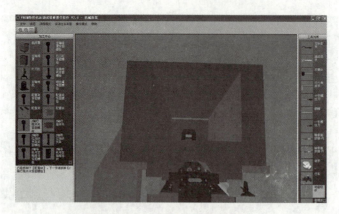

图 4-2-14 拆卸"配重块"

14. 拆卸"Z 轴行程开关紧固螺栓"

工具选择"内六角扳手",完成后如图 4-2-15 所示。

图 4-2-15 拆卸"Z 轴行程开关紧固螺栓"

15. 拆卸"Z 轴行程开关"

工具选择"徒手",完成后如图 4-2-16 所示。

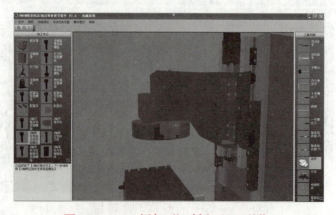

图 4-2-16 拆卸"Z 轴行程开关"

16. 拆卸"Z轴限位挡块支架紧固螺栓"

工具选择"内六角扳手",完成后如图4-2-17所示。

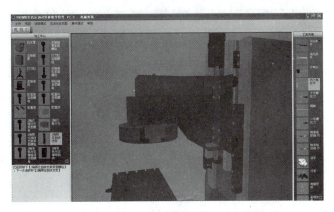

图4-2-17 拆卸"Z轴限位挡块支架紧固螺栓"

17. 拆卸"Z轴限位挡块支架"

工具选择"徒手",完成后如图4-2-18所示。

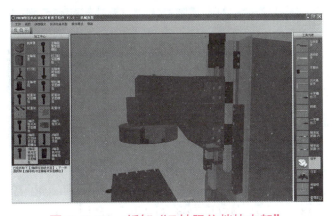

图4-2-18 拆卸"Z轴限位挡块支架"

18. 拆卸"Z轴导轨与主轴箱体紧固螺栓"

工具选择"内六角扳手",完成后如图4-2-19所示。

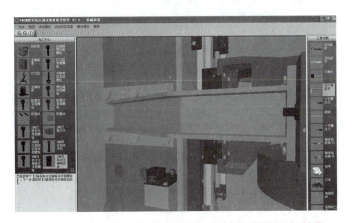

图4-2-19 拆卸"Z轴导轨与主轴箱体紧固螺栓"

19. 拆卸"Z 轴导轨与主轴箱挡块"

工具选择"徒手",完成后如图 4-2-20 所示。

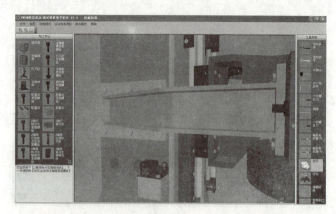

图 4-2-20 拆卸"Z 轴导轨与主轴箱挡块"

20. 拆卸"丝杠总成与主轴箱紧固螺栓"

工具选择"内六角扳手",完成后如图 4-2-21 所示。

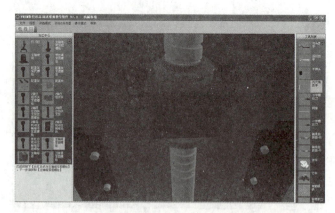

图 4-2-21 拆卸"丝杠总成与主轴箱紧固螺栓"

21. 拆卸"主轴箱紧固螺栓"

工具选择"内六角扳手",完成后如图 4-2-22 所示。

图 4-2-22 拆卸"主轴箱紧固螺栓"

22. 拆卸"主轴箱体"

工具选择"徒手",完成后如图 4-2-23 所示。

图 4-2-23 拆卸"主轴箱体"

23. 拆卸"刀库罩紧固螺栓"

工具选择"内六角扳手",完成后如图 4-2-24 所示。

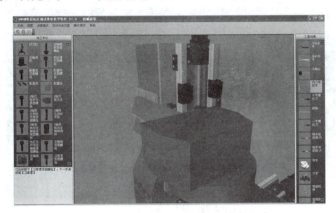

图 4-2-24 拆卸"刀库罩紧固螺栓"

24. 拆卸"刀库罩"

工具选择"徒手",完成后如图 4-2-25 所示。

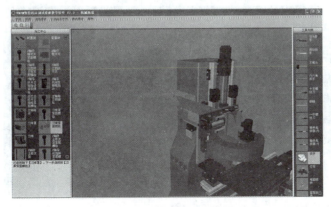

图 4-2-25 拆卸"刀库罩"

25. 拆卸"刀库紧固螺栓"

工具选择"内六角扳手",完成后如图 4-2-26 所示。

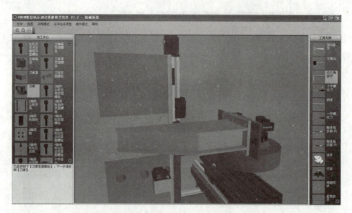

图 4-2-26　拆卸"刀库紧固螺栓"

26. 拆卸"刀库"

工具选择"徒手",完成后如图 4-2-27 所示。

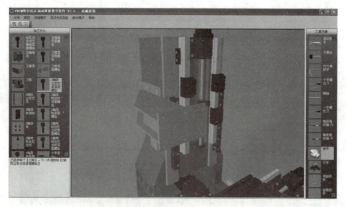

图 4-2-27　拆卸"刀库"

27. 拆卸"Z 轴防尘板支架紧固螺栓"

工具选择"内六角扳手",完成后如图 4-2-28 所示。

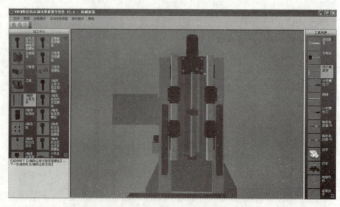

图 4-2-28　拆卸"Z 轴防尘板支架紧固螺栓"

28. 拆卸"Z轴防尘板支架"

工具选择"徒手",完成后如图 4-2-29 所示。

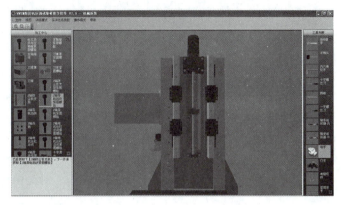

图 4-2-29 拆卸"Z轴防尘板支架"

29. 拆卸"Z轴导轨挡块紧固螺栓"

工具选择"内六角扳手",完成后如图 4-2-30 所示。

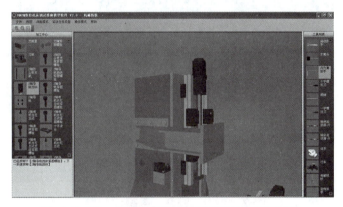

图 4-2-30 拆卸"Z轴导轨挡块紧固螺栓"

30. 拆卸"Z轴导轨挡块"

工具选择"徒手",完成后如图 4-2-31 所示。

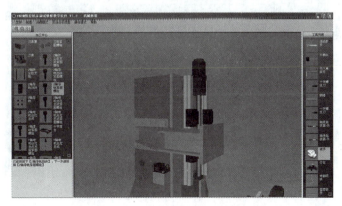

图 4-2-31 拆卸"Z轴导轨挡块"

31. 拆卸"Z轴导轨紧固螺栓"

工具选择"内六角扳手",完成后如图4-2-32所示。

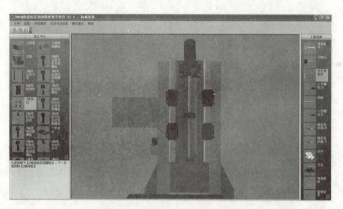

图4-2-32 拆卸"Z轴导轨紧固螺栓"

32. 拆卸"Z轴导轨"

工具选择"徒手",完成后如图4-2-33所示。

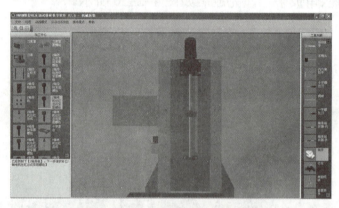

图4-2-33 拆卸"Z轴导轨"

33. 拆卸"Z轴电机丝杠总成紧固螺栓"

工具选择"内六角扳手",完成后如图4-2-34所示。

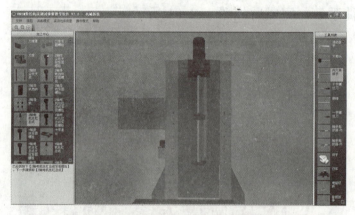

图4-2-34 拆卸"Z轴电机丝杠总成紧固螺栓"

34. 拆卸"Z轴电机丝杠总成"

工具选择"徒手",完成后如图4-2-35所示。

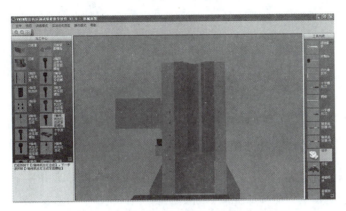

图4-2-35 拆卸"Z轴电机丝杠总成"

35. 拆卸"Y轴电机丝杠总成紧固螺栓"

工具选择"内六角扳手",完成后如图4-2-36所示。

图4-2-36 拆卸"Y轴电机丝杠总成紧固螺栓"

36. 拆卸"Y轴滑块紧固螺栓"

工具选择"内六角扳手",完成后如图4-2-37所示。

图4-2-37 拆卸"Y轴滑块紧固螺栓"

37. 拆卸"十字滑台"

工具选择"行车",完成后如图 4-2-38 所示。

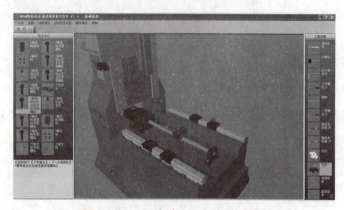

图 4-2-38 拆卸"十字滑台"

38. 拆卸"Y 轴电机丝杠总成支座紧固螺栓"

工具选择"内六角扳手",完成后如图 4-2-39 所示。

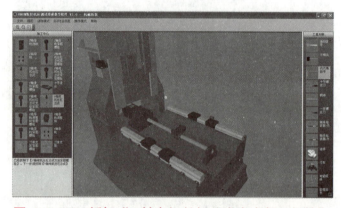

图 4-2-39 拆卸"Y 轴电机丝杠总成支座紧固螺栓"

39. 拆卸"Y 轴电机丝杠总成"

工具选择"徒手",完成后如图 4-2-40 所示。

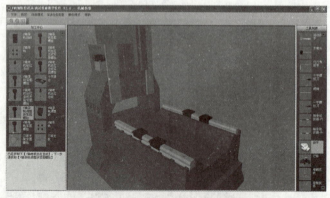

图 4-2-40 拆卸"Y 轴电机丝杠总成"

40. 拆卸"Y 轴导轨调整块紧固螺栓"

工具选择"十字螺丝刀",完成后如图 4-2-41 所示。

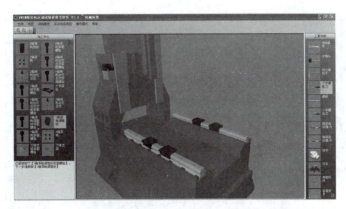

图 4-2-41　拆卸"Y 轴导轨调整块紧固螺栓"

41. 拆卸"Y 轴导轨调整块"

工具选择"徒手",完成后如图 4-2-42 所示。

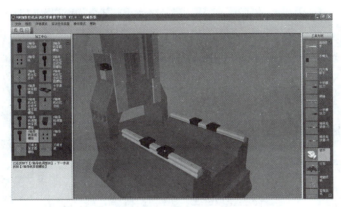

图 4-2-42　拆卸"Y 轴导轨调整块"

42. 拆卸"Y 轴导轨紧固螺栓"

工具选择"内六角扳手",完成后如图 4-2-43 所示。

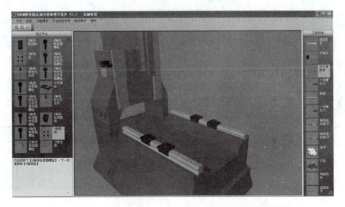

图 4-2-43　拆卸"Y 轴导轨紧固螺栓"

43. 拆卸"Y轴导轨"

工具选择"徒手",完成后如图 4-2-44 所示。

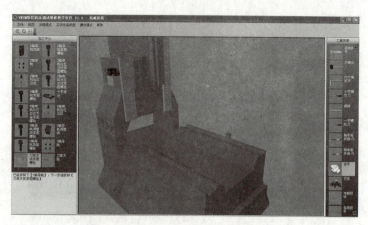

图 4-2-44　拆卸"Y 轴导轨"

44. 拆卸"刀库支架紧固螺栓"

工具选择"内六角扳手",完成后如图 4-2-45 所示。

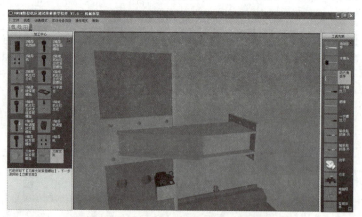

图 4-2-45　拆卸"刀库支架紧固螺栓"

45. 拆卸"刀库支架"

工具选择"徒手",完成后如图 4-2-46 所示。拆卸完成。

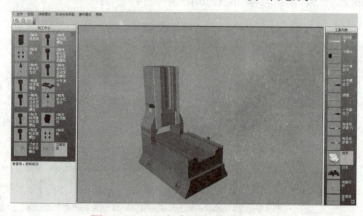

图 4-2-46　拆卸"刀库支架"

（二）实施设备准备

（1）计算机。

（2）数控维修软件。

四、任务方案

（1）以 3～4 人组成学习小组为作业单元，完成项目任务的实施。

试验台号	作业者	学号	组号	小组其他成员

（2）以小组讨论制定出任务实施方案。

五、任务实施

第 1 步：阅读与该任务相关的知识。

第 2 步：按照相关知识中的步骤进行操作。

六、任务总结评价

（一）自我评估

针对能力目标，对自己在任务实施过程中的表现给出分数（满分 100 分）并就 A 优秀、B 良好、C 合格、D 不合格等级予以客观评价。

项目四　数控机床机械部件装配

知识与能力	
问题与建议	

自我打分： 分	评价等级： 级

（二）小组评价

小组同学对该同学在任务实施过程中的表现给出分数（单项 0～20 分）并就等级予以客观、合理评价。

独立工作能力	学习创新能力	小组发挥作用	任务完成	其他
分	分	分	分	分
五项总计得分： 分			评价等级： 级	

（三）教师评价

指导老师根据学生在学习及任务实施过程中的工作态度、综合能力、任务完成情况予以评价。

得分： 分，评价等级： 级

（四）任务综合评价

姓名	小组	指导教师	班		
			年 月 日		
项目	评价标准	评价依据	自评	小组评	老师评	小计分
专业能力	1. 按要求完成工作任务； 2. 能灵活运用相关指令和正确使用工具； 3. 拆卸顺序过程正确、规范	1. 操作准确、规范； 2. 工作任务完成的程度及质量； 3. 独立工作能力； 4. 解决问题能力。	0～25分	0～25分	0～50分	（自评+组评+师评）×0.6
职业素养	1. 遵守规章制度和劳动纪律。 2. 积极参加团队作业，有良好的协作精神。 3. 能综合运用知识，有较强学习能力和信息分析能力； 4. 自觉遵守6S要求	1. 遵守纪律； 2. 工作态度； 3. 团队协作精神； 4. 学习能力； 5. 6S要求	0～25分	0～25分	0～50分	（自评+组评+师评）×0.4
评价	A（优秀）：100～90分 B（良好）：89～70分 C（合格）：69～60分 D（不合格）：59及以下分	能力+素养总计得分			分
		等级			级

七、知识和技能拓展

使用斐克 VNUM 数控机床调试维修教学软件，对加工中心进行整体安装。

任务 4-3　四工位刀架的拆卸

一、任务要求

使用斐克 VNUM 数控机床调试维修教学软件，对数控车床的四工位刀架进行拆卸和安装。

二、知识与能力目标

（1）了解四工位刀架内部的主要组成部件。
（2）掌握斐克 VNUM 数控机床调试维修教学软件机械装调模块的使用方法。
（3）了解四工位刀架的拆卸步骤及拆卸使用的工具。

三、任务准备

（一）知识准备

图 4-3-1 所示为螺旋型四工位刀架结构，主要由上刀体、蜗轮、下刀体、转盘和蜗杆等组成；图 4-3-2 所示为螺旋型四工位刀架控制原理。四工位刀架一般采用三相交流电动机作为其控制电动机，刀位检测信号为 4 个霍尔元件。当数控系统发出换刀信号时，首先继电器 K1 动作，换刀电动机正转驱动蜗轮蜗杆机构使上刀体上升。当上刀体上升到一定高度时，离合转盘起作用，带动上刀体旋转进行选刀。刀架上方的发信盘中对应的每个刀位都安装有一个霍尔开关，上刀体旋转到某一刀位时，该刀位的霍尔开关向数控系统输出信号，数控系统将刀位信号

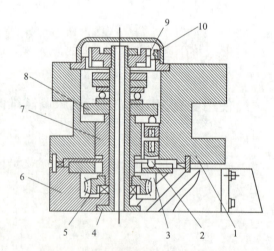

图 4-3-1　螺旋型四工位刀架结构

1—上刀体；2—活动销；3—反靠盘；
4—定轴；5—蜗轮；6—下刀体；7—蜗杆；
8—离合转盘；9—霍尔元件；10—磁钢

和指令刀位信号进行比较，当两信号相同时，说明上刀体已旋转到所选刀位。此时数控系统控制继电器 K1 释放，继电器 K2 吸合，换刀电动机反转，活动销反靠在反靠盘上初定位。在活动销反靠的作用下，蜗杆带动上刀体下降，直至齿牙盘咬合，完成精定位，并通过蜗轮和蜗杆锁紧螺母，使刀架紧固。此时数控系统控制继电器 K2 释放，换刀电动机停转，从而完成换刀动作。

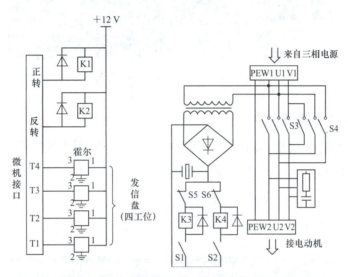

图 4-3-2　螺旋型四工位刀架控制原理

（二）实施步骤

1. 进入斐克 VNUM 数控机床调试维修教学软件

（1）在"操作模式"里选择"拆卸"，在"训练模式"里选择"教学模式"，在"实训任务类型"里选择"平床身数控车 CKA6140"如图 4-3-3 所示。

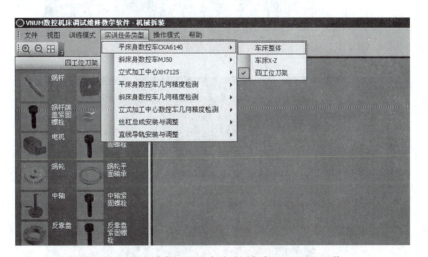

图 4-3-3　选择"平床身数控车 CKA6140"

（2）选择"四工位刀架"，出现如图 4-3-4 所示画面。

项目四 数控机床机械部件装配

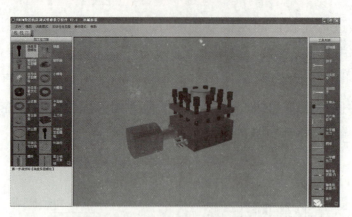

图 4-3-4 选择"四工位刀架"

2. 拆卸"端盖紧固螺栓"

按照图 4-3-4 左下角提示用鼠标左键单击"端盖紧固螺栓",显示如图 4-3-5 所示画面。根据左下角提示"请选择工具内六角扳手,零部件提示(端盖紧固螺栓)"选择"内六角扳手",出现如"内六角扳手"一样的工具,找到"端盖紧固螺栓"后单击鼠标左键,即可拆下"端盖紧固螺栓"。完成后如图 4-3-6 所示。

图 4-3-5 拆卸"端盖紧固螺栓"

图 4-3-6 拆下"端盖紧固螺栓"

3. 拆卸"端盖"

工具选择"徒手",完成后如图 4-3-7 所示。

图 4-3-7 拆卸"端盖"

4. 拆卸"磁钢座紧固螺栓"

工具选择"十字螺丝刀",完成后如图 4-3-8 所示。

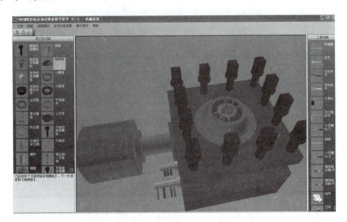

图 4-3-8 拆卸"磁钢座紧固螺栓"

5. 拆卸"磁钢座"

工具选择"徒手",完成后如图 4-3-9 所示。

图 4-3-9 拆卸"磁钢座"

6. 拆卸"信号线紧固螺栓"

工具选择"十字螺丝刀",完成后如图 4-3-10 所示。

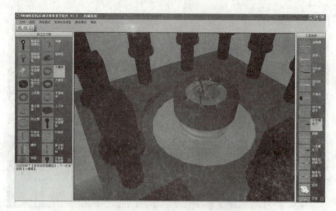

图 4-3-10　拆卸"信号线紧固螺栓"

7. 拆卸"小螺母"

工具选择"徒手",完成后如图 4-3-11 所示。

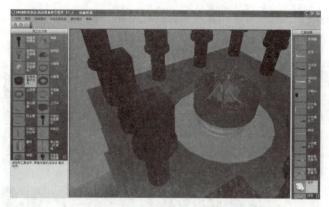

图 4-3-11　拆卸"小螺母"

8. 拆卸"发信体——霍尔元件"

工具选择"徒手",完成后如图 4-3-12 所示。

图 4-3-12　拆卸"发信体——霍尔元件"

9. 拆卸"大螺母"

工具选择"徒手",完成后如图 4-3-13 所示。

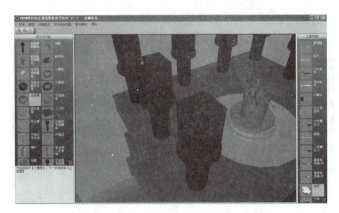

图 4-3-13　拆卸"大螺母"

10. 拆卸"止退圈"

工具选择"徒手",完成后如图 4-3-14 所示。

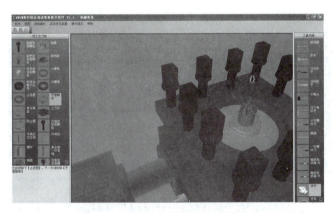

图 4-3-14　拆卸"止退圈"

11. 拆卸"平面轴承"

工具选择"徒手",完成后如图 4-3-15 所示。

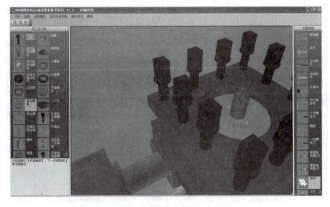

图 4-3-15　拆卸"平面轴承"

项目四 数控机床机械部件装配

12. 拆卸"离合器盘"

工具选择"徒手",完成后如图4-3-16所示。

图4-3-16 拆卸"离合器盘"

13. 拆卸"上刀体"

工具选择"徒手",完成后如图4-3-17所示。

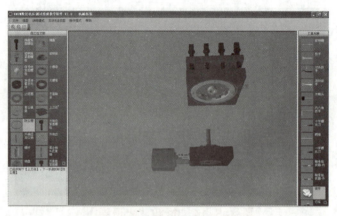

图4-3-17 拆卸"上刀体"

14. 拆卸"防尘圈"

工具选择"徒手",完成后如图4-3-18所示。

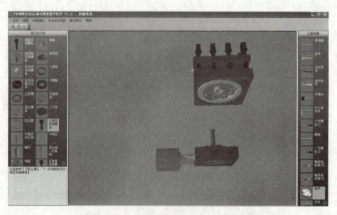

图4-3-18 拆卸"防尘圈"

15. 拆卸"外端齿紧固螺栓"

工具选择"内六角扳手",完成后如图 4-3-19 所示。

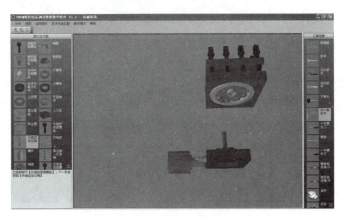

图 4-3-19　拆卸"外端齿紧固螺栓"

16. 拆卸"外端齿定位销"

工具选择"拔销器",完成后如图 4-3-20 所示。

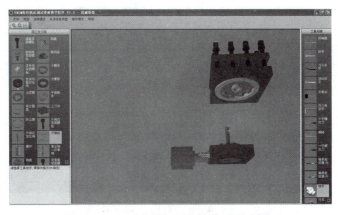

图 4-3-20　拆卸"外端齿定位销"

17. 拆卸"外端齿"

工具选择"徒手",完成后如图 4-3-21 所示。

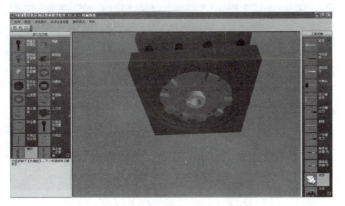

图 4-3-21　拆卸"外端齿"

18. 拆卸"螺杆"

工具选择"徒手",完成后如图 4-3-22 所示。

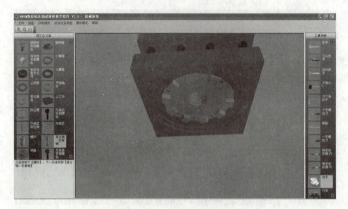

图 4-3-22　拆卸"螺杆"

19. 拆卸"离合销——反靠销"

工具选择"徒手",完成后如图 4-3-23 所示。

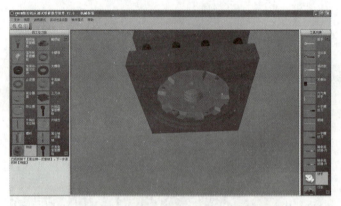

图 4-3-23　拆卸"离合销——反靠销"

20. 拆卸"销盘"

工具选择"徒手",完成后如图 4-3-24 所示。

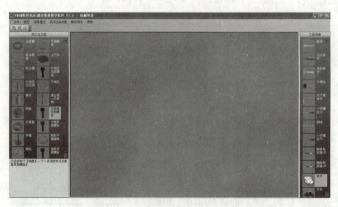

图 4-3-24　拆卸"销盘"

21. 拆卸"反靠盘紧固螺栓"

工具选择"内六角扳手",完成后如图4-3-25所示。

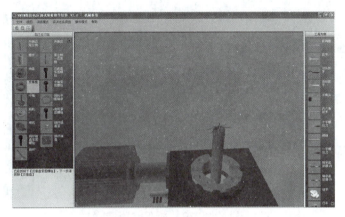

图4-3-25 拆卸"反靠盘紧固螺栓"

22. 拆卸"反靠盘"

工具选择"徒手",完成后如图4-3-26所示。

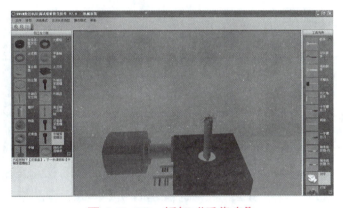

图4-3-26 拆卸"反靠盘"

23. 拆卸"中轴紧固螺栓"

工具选择"徒手",完成后如图4-3-27所示。

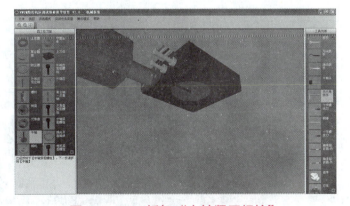

图4-3-27 拆卸"中轴紧固螺栓"

24. 拆卸"中轴"

工具选择"徒手",完成后如图 4-3-28 所示。

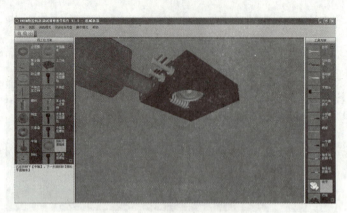

图 4-3-28　拆卸"中轴"

25. 拆卸"蜗轮平面轴承"

工具选择"徒手",完成后如图 4-3-29 所示。

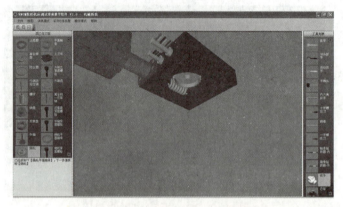

图 4-3-29　拆卸"蜗轮平面轴承"

26. 拆卸"蜗轮"

工具选择"徒手",完成后如图 4-3-30 所示。

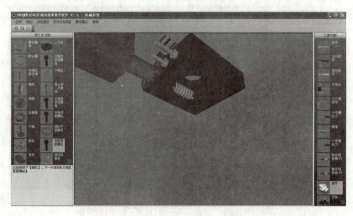

图 4-3-30　拆卸"蜗轮"

27. 拆卸"电机紧固螺栓"

工具选择"内六角扳手",完成后如图 4-3-31 所示。

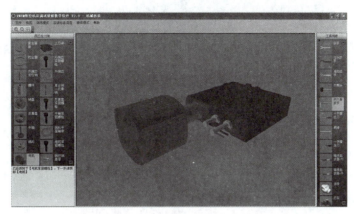

图 4-3-31　拆卸"电机紧固螺栓"

28. 拆卸"电机"

工具选择"徒手",完成后如图 4-3-32 所示。

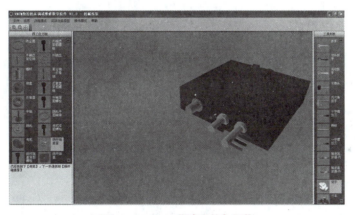

图 4-3-32　拆卸"电机"

29. 拆卸"蜗杆端盖冒"

工具选择"一字螺丝刀",完成后如图 4-3-33 所示。

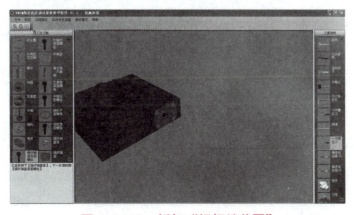

图 4-3-33　拆卸"蜗杆端盖冒"

30. 拆卸"蜗杆端盖紧固螺栓"

工具选择"内六角扳手",完成后如图 4-3-34 所示。

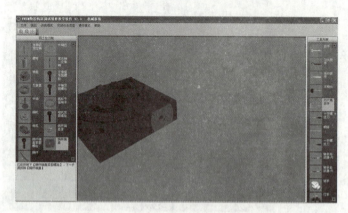

图 4-3-34　拆卸"蜗杆端盖紧固螺栓"

31. 拆卸"蜗杆端盖"

工具选择"徒手",完成后如图 4-3-35 所示。

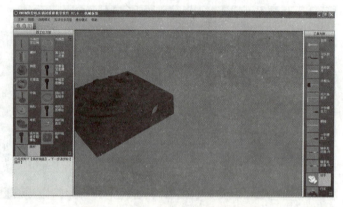

图 4-3-35　拆卸"蜗杆端盖"

32. 拆卸"蜗杆"

工具选择"徒手",完成后如图 4-3-36 所示。拆卸完成。

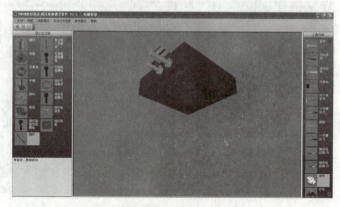

图 4-3-36　拆卸"蜗杆"

（二）实施设备准备

（1）计算机。

（2）数控维修软件。

四、任务方案

（1）以 3～4 人组成学习小组为作业单元，完成项目任务的实施。

试验台号	作业者	学号	组号	小组其他成员

（2）以小组讨论制定出任务实施方案。

五、任务实施

第 1 步：阅读与该任务相关的知识。

第 2 步：按照相关知识中的步骤进行操作。

六、任务总结评价

（一）自我评估

针对能力目标，对自己在任务实施过程中的表现给出分数（满分 100 分）并就 A 优秀、B 良好、C 合格、D 不合格等级予以客观评价。

项目四 数控机床机械部件装配

知识与能力	
问题与建议	
自我打分：　　　分	评价等级：　　　级

（二）小组评价

小组同学对该同学在任务实施过程中的表现给出分数（单项 0～20 分）并就等级予以客观、合理评价。

独立工作能力	学习创新能力	小组发挥作用	任务完成	其他
分	分	分	分	分
五项总计得分：　　　分			评价等级：　　　级	

（三）教师评价

指导教师根据学生在学习及任务实施过程中的工作态度、综合能力、任务完成情况予以评价。

得分：　　　分，评价等级：　　　级

（四）任务综合评价

姓名		小组	指导老师		班	
					年　月　日	
项目	评价标准	评价依据	自评	小组评	老师评	小计分
专业能力	1. 按要求完成工作任务； 2. 能灵活运用相关指令和正确使用工具； 3. 拆卸顺序过程正确、规范	1. 操作准确、规范； 2. 工作任务完成的程度及质量； 3. 独立工作能力； 4. 解决问题能力	0～25分	0～25分	0～50分	（自评+组评+师评）×0.6
职业素养	1. 遵守规章制度和劳动纪律； 2. 积极参加团队作业，有良好的协作精神； 3. 能综合运用知识，有较强的学习能力和信息分析能力； 4. 自觉遵守6S要求	1. 遵守纪律； 2. 工作态度； 3. 团队协作精神； 4. 学习能力； 5. 6S要求	0～25分	0～25分	0～50分	（自评+组评+师评）×0.4
评价	A（优秀）：100～90分 B（良好）：89～70分 C（合格）：69～60分 D（不合格）：59及以下分	能力+素养 总计得分				分
		等级				级

七、知识和技能拓展

使用斐克VNUM数控机床调试维修教学软件，对数控车床的四工位刀架进行安装。

项目五
数控机床精度检测

任务 5-1　数控车床精度的检测

任务 5-2　数控铣床的精度检验

任务 5-1　数控车床精度的检测

一、任务要求

按表 5-1-1 所示用水平仪检测数控车床纵向导轨在垂直平面内的直线度。

表 5-1-1　水平仪检测直线度

序号	检验项目	示意图	检验方法	允差/mm	实测
G1	导航精度	（a）纵向导轨在垂直面内的直线度	在溜板上靠近前导轨处，纵向放一水平仪，等距离（近似等于规定的局部误差的测量长度）移动溜板，在全长上检验，将水平仪的读数依次排列，画出导轨直线误差曲线，曲线相对其两端点连线的最大坐标值即导轨全长的直线度误差。曲线上任意局部测量长度的两端相对曲线两端点连线的坐标差值，即导轨局部误差	$D_c \leqslant 500$，0.01（凸） $500 < D_c \leqslant 1\,000$，0.02（凸） 局部误差任意 250 测量长度上 0.007 5 $1\,000 < D_c \leqslant 1\,500$，0.025（凸） 局部误差任意 500 测量长度上 0.015 D_c 每增大 1 000，允差增加 0.01	
		（b）横向导轨的平行度	将水平仪横向放置在溜板上，等距离移动溜板进行检验，移动距同上，误差以水平仪读数的最大代数差值计	0.040/1 000	

二、知识与能力目标

（1）了解水平仪的工作原理。
（2）掌握水平仪的使用和读数方法。
（3）了解数控车床纵向导轨在垂直平面内的直线度检测方法。

三、任务准备

（一）知识准备

数控机床在验收时的精度检验主要包括机床几何精度检验、机床定位精度检验、切削精度检验、机床性能及数控功能检验。

1. 数控机床几何精度检验

数控机床的几何精度综合反映了机床的关键机械零部件和组装后的几何形状误差。数控机床的种类繁多，每一类数控机床都有其精度标准，应按照其精度标准检测验收。

1）几何精度国家标准

数控机床的几何精度综合反映机床主要零部件组装后线和面的形状误差、位置或位移误差，根据《机床检验通则 第1部分：在无负荷或精加工条件下机床的几何精度》（GB/T 17421.1—1998）有以下5类。

（1）直线度。

①一条线在一个平面或空间内的直线度，如数控卧式车床床身导轨的直线度。
②部件的直线度，如数控升降台铣床工作台纵向基准T形槽的直线度。
③直线运动，如立式加工中心在 X 轴运动方向上的位置偏差。
④长度测量方法有平尺法、钢丝和显微镜法、准直望远镜法、准直激光法和激光干涉法。

（2）平面度（如立式加工中心工作台面的平面度）。

平面度测量方法有用平板测量、用平尺测量、用精密水平仪测量、用光学方法测量和用坐标测量机测量。

（3）平行度、等距度和重合度。

①线和面的平行度，如数控卧式车床顶尖轴线对主刀架溜板移动的平行度。
②运动的平行度，如立式加工中心工作台面和 X 轴轴线间的平行度。

③等距度，如立式加工中心定位孔与工作台回转轴线的等距度。

④同轴度或重合度，如数控卧式车床工具孔轴线与主轴轴线的重合度。

⑤测量方法有平尺和指示器法、精密水平仪法、指示器和检验棒法。

（4）垂直度。

①直线和平面的垂直度，如立式加工中心主轴轴线和 X 轴轴线运动间的垂直度。

②运动的垂直度，如立式加工中心 Z 轴轴线和 X 轴轴线运动间的垂直度。

③测量方法有平尺和指示器法、角尺和指示器法、光学法（采用自准直仪、光学角尺、反射器完成）。

（5）旋转。

①径向圆跳动，如数控卧式车床主轴轴端的卡盘定位锥面的径向圆跳动，或主轴定位孔的径向圆跳动。

②周期性轴向窜动，如数控卧式车床主轴的周期性轴向窜动。

③端面跳动，如数控卧式车床三爪自定心卡盘定位端面的跳动。测量方法有指示器法、检验棒和指示器法、钢球和指示器法。

2）数控车床几何精度的检测

《数控车床和车削中心检验条件 第 1 部分：卧式机床几何精度检验》（GB/T 16462.1—2007）规定了床身上最大回转直径范围 1（$D \leqslant 250$ mm）、范围 2（250 mm $< D \leqslant 1\,000$ mm）、范围 3（500 mm $< D \leqslant 1\,000$ mm）的数控卧式车床的几何精度项目和检验方法，该标准有 G1～G24 项检验项目。表 5-1-2 所示为数控车床 CAK3665sj 几何精度的检测。

表 5-1-2 数控车床 CAK3665sj 几何精度的检测

序号	简图	检验项目	允差范围/mm	检验工具	检验方法
G1	(a)	a. 纵向导轨在垂直平面内的直线度	a. 纵向导轨在垂直平面内的直线度	精密水平仪	在溜板上靠近前导轨处，纵向放一水平仪，等距离（近似等于规定的局部误差的测量长度）移动溜板检验
	(b)	a. 横向导轨在水平平面内的直线度	b. 横向导轨的平行度	精密水平仪	在溜板上横向放一水平仪，等距离移动溜板检验（移动距离同上）

续表

序号	简图	检验项目	允差范围/mm	检验工具	检验方法
G2		溜板移动在水平面内的直线度	$D_c \leqslant 500$ 时，0.015；$500 < D_c \leqslant 1\,000$ 时，0.02	a. 指示器和检验棒；b. 钢丝和显微镜	a. 用指示器和检验棒检验，将指示器固定在溜板上，使其测头触及主轴和尾座顶尖间的检验棒表面上，调整尾座，使指示器在检验棒两端的读数相等。移动溜板在全部行程上检验。指示器读数的最大代数差值就是直线度误差；b. 用钢丝和显微镜检验。在机床中心高的位置上绷紧一根钢丝，显微镜固定在溜板上，调整钢丝，使显微镜在钢丝两端的读数相等。等距离（移动距离同G1）移动溜板，在全部行程上检验。显微镜读数的最大代数差值就是直线度误差
G3		尾座移动对溜板移动的平行度 a. 垂直平面内 b. 水平平面内	$D_c \leqslant 1\,500$ 时，a 和 b 0.03；在任意500mm测量长度上为0.02	指示器	将指示器固定在溜板上，使其测头触及近尾座体端面的顶尖套上：a. 在垂直平面内；b. 在水平面内。锁紧顶尖套，使尾座与溜板一起移动，在溜板全部行程上检验 a、b的误差分别计算，指示器在任意500mm行程上和全部行程上的最大差值就是局部长度和全长上的平行度误差
G4		主轴端部的跳动 a. 主轴的轴向窜动 b. 主轴轴肩支承面的跳动（包括轴向窜动）	a. 0.01 b. 0.02	指示器和专用检具	固定指示器，使其测头触及：a. 插入主轴锥孔的检验棒端部的钢球上；b. 主轴轴肩支承面上。沿主轴轴线加一力F，旋转主轴检验 a、b 误差分别计算。指示器读数的最大差值就是轴向窜动误差和轴肩支承面的跳动误差

续表

序号	简图	检验项目	允差范围/mm	检验工具	检验方法
G5		主轴定心轴颈的径向圆跳	0.01	指示器	固定指示器使其测头垂直触及轴颈（包括圆锥轴颈）的表面。沿主轴轴线加一力 F，旋转主轴检验。指示器读数的最大差值就是径向圆跳动误差
G6		主轴锥孔轴线的径向圆跳动 a. 靠近主轴端面 b. 距主轴端面300 mm 处主轴锥孔轴线的径向圆跳动	a. 0.01 b. 在300测量长度上为0.02	指示器和检验棒	将检验棒插入主轴锥孔内，固定指示器，使其测头触及检验棒的表面： a. 靠近主轴端面； b. 距主轴端面 $D_a/2$ 处。旋转主轴检验。 拔出检验棒，相对主轴旋转90°，重新插入主轴锥孔中依次重复检验三次。 a、b 的误差分别计算，四次测量结果的平均值就是径向圆跳动误差
G7		主轴轴线对溜板移动的平行度 a. 垂直平面内 b. 水平平面内	a. 在300测量长度上为0.02（只许向上偏） b. 在300测量长度上为0.015（只许向前偏）	指示器和检验棒	指示器固定在溜板上，使其测头触及检验棒的表面： a. 在垂直平面内； b. 在水平面内。 移动溜板检验。 将主轴旋转180°，再同样检验一次。 a、b 误差分别计算。两次测量结果的代数和之半，就是平行度误差
G8		顶尖的跳动	0.015	指示器和专用顶尖	顶尖插入主轴孔内，固定指示器，使其测头垂直触及顶尖锥面上。沿主轴轴线加一力 F，旋转主轴检验。指示器读数除以 $\cos\alpha$（α 为锥体半角）后，就是顶尖跳动误差

序号	简图	检验项目	允差范围/mm	检验工具	检验方法
G9		尾座套筒轴线对溜板移动的平行度 a. 垂直平面内 b. 水平平面内	a. 在100测量长度上为0.015（只许向上偏） b. 在100测量长度上为0.01（只许向前偏）	指示器	尾座的位置同G11。尾座顶尖套伸出量约为最大伸出长度的一半，并锁紧。 将指示器固定在溜板上，使其测头触及尾座套筒的表面： a. 在垂直平面内； b. 在水平面内。 移动溜板检验。 a、b 误差分别计算。指示器读效的最大差值就是平行度误差
G10		尾座套筒锥孔轴线对溜板移动的平行度 a. 垂直平面内 b. 水平平面内	a. 在300测量长度上为0.03（只许向上偏） b. 在300测量长度上为0.03（只许向前偏）	指示器和检验棒	尾座的位置同G11。顶尖套筒退入尾座孔内，并锁紧。在尾座套筒锥孔中，插入检验棒。将指示器固定在溜板上，使其测头触及检验棒表面： a. 在垂直平面内； b. 在水平面内。 移动溜板检验。 拔出检验棒，旋转180°，重新插入尾座顶尖套锥孔中，重复检验一次。 a、b 误差分别计算。两次测量结果的代数和之半，就是平行度误差
G11		主轴箱和尾座两顶尖的等高度	0.04（只许尾座高）	指示器和检验棒	在主轴与尾座顶尖间装入检验棒，将指示器固定在溜板上，使其测头在垂直平面内触及检验棒。移动溜板在检验棒的两极限位置上检验。指示器在检验棒两端读数的差值，就是等高度误差。 当 $D_c \leqslant 500$ mm 时，尾座应紧固在床身导轨的末端。当 $D_c >500$ mm 时，尾座紧固在 $D_c/2$ 处，但最小不小于 2 000 mm。检验时，尾座顶尖套应退入尾座孔内，并锁紧

续表

序号	简图	检验项目	允差范围/mm	检验工具	检验方法
G12		横刀架横向移动对主轴轴线的垂直度	0.02/300 ($\alpha > 90°$)	指示器和平盘	将平盘固定在主轴上，指示器固定在横刀架上，使其测头触及平盘。移动横刀架进行检验。将主轴旋转180°再同样检验一次。两次测量结果的代数和之半就是垂直度误差

3）水平仪的使用

水平仪是测量角度变化的一种常用量具，主要用于测量机件相互位置的水平位置和设备安装时的平面度、直线度和垂直度，也可测量零件的微小倾角。

常用的水平仪有条式水平仪、框式水平仪和数字式光学合象水平仪等。

（1）条式水平仪。

图5-1-1所示为钳工常用的条式水平仪。条式水平仪由作为工作平面的V形底平面和与工作平面平行的水准器（俗称气泡）两部分组成。工作平面的平直度和水准器与工作平面的平行度都做得很精确。当水平仪的底平面放在准确的水平位置时，水准器内的气泡正好在中间位置（即水平位置）。在水准器玻璃管内气泡两端刻线为零线的两边，刻有不少于8格的刻度，刻线间距为

图5-1-1 条式水平仪

2 mm。当水平仪的底平面与水平位置有微小的差别时，也就是水平仪底平面两端有高低时，水准器内的气泡由于地心引力的作用总是往水准器的最高一侧移动，这就是水平仪的使用原理。两端高低相差不多时，气泡移动也不多；两端高低相差较大时，气泡移动也较大。在水准器的刻度上就可读出两端高低的差值。

条式水平仪的规格见表5-1-3。条式水平仪分度值的说明，如分度值0.03 mm/m，即表示气泡移动一格时，被测量长度为1 m的两端上高低相差0.03 mm。再如，用200 mm长、分度值为0.05 mm/m的水平仪，测量400 mm长的平面的水平度。先把水平仪放在平面的左侧，此时若气泡向右移动两格，再把水平仪放在平面的右侧，此时若气泡向左移动三格，则说明这个平面是中间高两侧低的凸平面。中间高出多少毫米

呢？从左侧看，中间比左端高两格，即在被测量长度为 1 m 时，中间高 2×0.05=0.10（mm），实际测量长度为 200 mm，是 1 m 的 1/5，所以，实际上中间比左端高 0.10×1/5=0.02 mm。从右侧看，中间比右端高三格，即在被测量长度为 1 m 时，中间高 3×0.05=0.15 mm，现实际测量长度为 200 mm，是 1 m 的 1/5，所以，实际上中间比右端高 0.15×1/5=0.03 mm。由此可知，中间比左端高 0.02 mm，中间比右端高 0.03 mm，则中间比两端高出的数值为（0.02+0.03）÷2=0.025（mm）。

表 5-1-3 水平仪的规格

品种	外形尺寸 /mm			分度值	
	长	宽	高	组别	mm/m
框式	100	25～35	100	Ⅰ	0.02
	150	30～40	150		
	200	35～40	200		
	250	40～50	250	Ⅱ	0.03～0.05
	300		300		
条式	100	30～35	35～40		
	150	35～40	35～45		
	200			Ⅲ	0.06～0.15
	250	40～45	40～50		
	300				

（2）框式水平仪。

图 5-1-2 所示为常用的框式水平仪，主要由框架和弧形玻璃管主水准器、调整水准组成。利用水平仪上水准泡的移动来测量被测部位角度的变化。

框架的测量面有平面和 V 形槽，V 形槽便于在圆柱面上测量。弧形玻璃管的表面上有刻线，内装乙醚（或酒精），并留有一个水准泡，水准泡总是停留在玻璃管内的最高处。若水平仪倾斜一个角度，气泡就向左或向右移动，根据移动的距离（格数），直接或通过计算即可知道被测工件的直线度、平面度或垂直度误差。

图 5-1-2 框式水平仪

水平仪的读数方法有直接读数法和平均读数法两种。

①直接读数法。以气泡两端的长刻线作为零线，气泡相对零线移动格数作为读数，这种读数方法最为常用，见图5-1-3。

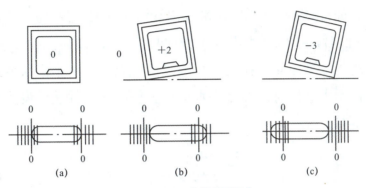

图5-1-3　直接读数法

图5-1-3（a）表示水平仪处于水平位置，气泡两端位于长线上，读数为"0"；图5-1-3（b）表示水平仪逆时针方向倾斜，气泡向右移动，图示位置读数为"+2"；图5-1-3（c）表示水平仪顺时针方向倾斜，气泡向左移动，图示位置读数为"-3"。

②平均读数法。由于环境温度变化较大，使气泡变长或缩短，引起读数误差而影响测量的正确性，可采用平均读数法，以消除读数误差。

平均读数法读数是分别从两条长刻线起，向气泡移动方向读至气泡端点止，然后取这两个读数的平均值作为这次测量的读数值。

图5-1-4（a）表示，由于环境温度较高，气泡变长，测量位置使气泡左移。读数时，从左边长刻线起，向左读数"-3"；从右边长刻线起，向左读数"-2"。取这两个读数的平均值，作为这次测量的读数值［（-3）+（-2）］/2=-2.5。

图5-1-4（b）表示，由于环境温度较低，气泡缩短，测量位置使气泡右移，按上述读数方法，读数分别为"+2"和"+1"，则测量的读数值是：［（+2）+（+1）］/2=+1.5。

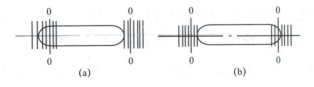

图5-1-4　平均读数法

框式水平仪使用方法：

①框架水平仪的两个V形测量面是测量精度的基准，在测量中不能与工作的粗糙面接触或摩擦。安放时必须小心轻放，避免因测量面划伤而损坏水平仪和造成不应有的测量误差。

②用框架水平仪测量工件的垂直面时，不能握住与副侧面相对的部位，而用力向工件垂直平面推压，这样会因水平仪的受力变形，影响测量的准确性。正确的测量方法是手握持副测面内侧，使水平仪平稳、垂直地（调整气泡位于中间位置）贴在工件的垂直平面上，然后从纵向水准读出气泡移动的格数。

③使用水平仪时，要保证水平仪工作面和工件表面的清洁，以防止脏物影响测量的准确性。测量水平面时，在同一个测量位置上，应将水平仪调过相反的方向再进行测量。当移动水平仪时，不允许水平仪工作面与工件表面发生摩擦，应该提起来放置，如图 5-1-5 所示。

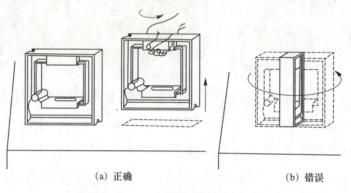

(a) 正确　　　　　　　　(b) 错误

图 5-1-5　水平仪的使用方法

④当测量长度较大工件时，可将工件平均分若干尺寸段，用分段测量法，然后根据各段的测量读数，绘出误差坐标图，以确定其误差的最大格数。如图 5-1-6 所示，床身导轨在纵向垂直平面内直线度的检验时，将方框水平仪纵向放置在刀架上靠近前导轨处（图 5-1-6 中

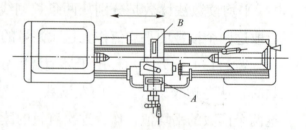

图 5-1-6　纵向导轨在垂直平面内的直线度检验

位置 A），从刀架处于主轴箱一端的极限位置开始，从左向右移动刀架，每次移动距离应近似等于水平仪的边框尺寸（200 mm）。依次记录刀架在每一测量长度位置时的水平仪读数。将这些读数依次排列，用适当的比例画出导轨在垂直平面内的直线度误差曲线。水平仪读数为纵坐标，刀架在起始位置时的水平仪读数为起点，由坐标原点起作一折线段，其后每次读数都以前折线段的终点为起点，画出应折线段，各折线段组成的曲线，即导轨在垂直平面内直线度曲线。曲线相对其两端连线的最大坐标值，就是导轨全长的直线度误差，曲线上任一局部测量长度内的两端点相对曲线两端点的连线坐标差值，也就是导轨的局部误差。

4）机床精度检验方法

（1）主轴的轴向窜动检验及主轴轴肩支承面的跳动检验（见图 5-1-7）。

固定千分表，使其测头触及主轴锥孔的检验棒端部的钢球上，为清除止推轴承游隙的影响，在测量方向上沿主轴轴线加一力 F，慢速旋转主轴检验，千分表读数的最大差值就是轴向窜动误差。

固定千分表，使其测头触及主轴轴肩支承面，沿主轴轴线加一力 F，慢速旋转主轴，千分表放置在圆周相隔一定间隔的位置上检验，最大误差值就是包括轴向窜动误差在内的轴肩支承面的径向圆跳动误差值。

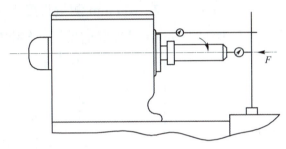

图 5-1-7　主轴轴向窜动和主轴轴肩支承面径向圆跳动误差示意图

（2）主轴定心轴的径向圆跳动误差。

固定千分表使其测头垂直触及轴颈表面，旋转主轴检验，千分表读数的最大差值就是径向圆跳动。

在检验主轴锥面的径向圆跳动误差时，当主轴有任何轴向位移时，则被检测圆的直径就会变化，这时锥面上测得的数值较实际数值增大，所以，只是在锥度不太大时，可直接在锥面上测取径向圆跳动的误差，否则预先测量主轴的轴向窜动误差。

检验方法如图 5-1-8 所示。

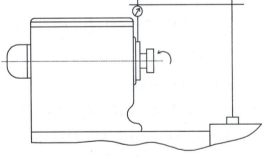

图 5-1-8　主轴定心轴径向圆跳动误差检验方法

（3）主轴锥孔轴线的径向跳动检验。

将检验棒插入主轴锥孔内，固定千分表，使其测头触及检验棒的表面。为了消除检验棒误差和检验棒插入孔内时的安装误差，应将检验棒相对主轴每隔 90°插入一次检验，共检验 4 次，检验方法如图 5-1-9 所示。

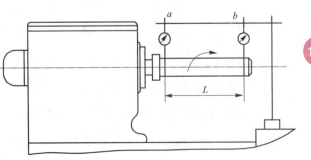

图 5-1-9　检验棒误差检验方法

项目五 数控机床精度检测

L 等于 $D/2$ 或不超过 300 mm。对于 $D > 800$ mm 的车床，测量长度应增加至 500 mm。

（4）顶尖的跳动检验。

顶尖插入主轴孔内，固定千分表，使测头垂直触及顶尖锥面上，旋转主轴检验，千分表读数除以 $\cos\alpha$（α 为锥体半角）后，就是顶尖跳动误差值。检验方法如图 5-1-10 所示。

（5）溜板移动时对尾座套筒伸出长度的平行度误差的测量。

使顶尖套伸出尾座体 100 mm，并将尾座体锁紧，移动溜板，使溜板上的千分表触及顶尖的上母线和侧母线，上母线 b 在 100 mm 测量长度上为 0.02 mm（只许向下偏），侧母线 a 在测量长度上为 0.015 mm（只许向前偏）。检验方法如图 5-1-11 所示。

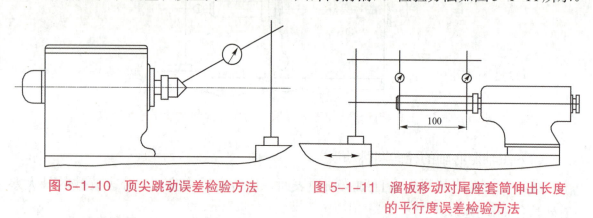

图 5-1-10 顶尖跳动误差检验方法　　图 5-1-11 溜板移动对尾座套筒伸出长度的平行度误差检验方法

（6）床鞍移动时对尾座套筒锥孔中心线的平行度测量误差。

在尾座套筒内插入一个检验心轴（> 300 mm），尾座套筒退回尾座体内并锁紧，然后移动溜板，使溜板上千分表触及检验心轴的上母线和侧母线，千分表在 > 300 mm 长度范围内的读数差，即顶尖套内锥孔中心线与床身导轨的平行度误差。检验方法如图 5-1-12 所示。

为了消除检验心轴本身误差对测量的影响，一次检验后，将检验心轴退出，转 180°再插入检验一次，两次测量结果的代数和的 1/2，即该项误差值。

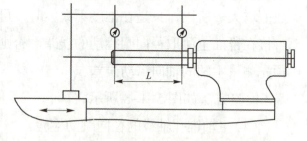

图 5-1-12 床鞍移动对尾座套筒锥孔中心线的平行度误差检验方法

（7）主轴和尾座顶尖的等高度检验。

主轴和尾座顶尖的等高度允许差为 0.04 mm，只许尾座高，在主轴轴箱锥孔中插入一顶尖，并校正其与主轴轴线的同轴度误差，在尾座套筒内同样装上一个顶尖，两顶尖之间顶一标准检验心轴，将千分表置于溜板上，先将千分表测头顶在心轴的侧母线，校正心轴在水平面与机床床身导轨平行。再将测头触及检验心轴的上母线，千分表在心轴两端的读数差为主轴锥孔中心线与尾座套筒锥孔中心线对床身导轨的等高度误差。为了消除顶尖套中顶尖本身误差对测量的影响，一次检验后，将顶尖退出，转过180°，重新检验一次，两次测量结果的代数和的1/2为其误差。检验方法如图5-1-13所示。

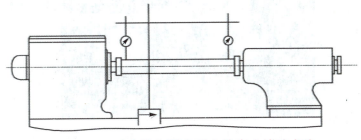

图5-1-13　主轴和尾座顶尖等高度检验方法

5）精度检测项目举例

（1）检测数控车床G1中（a）纵向导轨在垂直平面内的直线度。

首先将被测实际轮廓的长度等分为5段，把精密水平仪固定在溜板上靠近前导轨处；然后，沿被测实际轮廓一段接一段地移动溜板进行测量，将水平仪的读数依次排列。

例如检验一台数控车床，溜板每移动250 mm测量一次，精密水平仪刻度值为0.02/1 000；溜板在各个测量位置时水平仪读数依次为+1.8格、+1.4格、-0.8格、-1.6格，根据这些读数画出纵向导轨在垂直平面内的直线度，如图5-1-14所示。

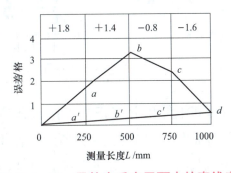

图5-1-14　导轨在垂直平面内的直线度

由图5-1-14可得出，导轨全长的直线度误差：

$$\delta_{全}=\overline{bb'}\times\frac{0.02}{1\,000}\times250=2.8\times\frac{0.02}{1\,000}\times250=0.014\text{ mm}$$

（2）检测数控车床G4中（b）主轴轴肩支承面的跳动（包括轴向窜动）。

把磁性表座吸在导轨或刀架或溜板上，固定不动，把百分表的测头触及主轴端面边缘,手动旋转主轴,如图5-1-15所示,百分表的最大与最小读数差即主轴轴肩支承面的跳动(包括轴向窜动)。

图 5-1-15　检测 G4 中(b)主轴端面跳动

(3)检测数控车床 G10 尾座套筒锥孔轴线对溜板移动的平行度。

检测工具用 4 号莫氏圆锥顶尖 [见图 5-1-16(a)]、4 号莫氏圆锥检验棒、磁性表座和指示器(千分表或百分表)。

(a) 4号莫氏圆锥顶尖　　　　(b) 检测在垂直平面内尾座套筒锥孔轴线对溜板移动的平行度

图 5-1-16　检测 G10 尾座套筒锥孔轴线对溜板移动的平行度

①在垂直平面内。尾座套筒不伸出并按正常工作状态锁紧;将检验棒插在尾座套筒锥孔内,指示器安装在溜板上。如图 5-1-16 所示,在垂直平面内把指示器测头垂直触及靠近尾座端部位置的检验棒上,移动溜板,记录指示器的最大读数差值及方向;取下检验棒,旋转检验棒 180°后重新插入尾座套筒锥孔,重复测量一次,取两次测量读数的代数和之半为平行度误差。

②在水平平面内。先把 4 号莫氏圆锥顶尖装入尾座套筒锥孔内,确定指示器水平面上的测头位置。移开指示器,去掉 4 号莫氏圆锥顶尖,装上检验棒。检测方法与垂直平面内的相同。

2. 数控机床定位精度检验

数控机床的定位精度是机床各坐标轴在数控系统控制下所能达到的位置精度。根据实测的定位精度数值,可以判断机床在自动加工中能达到的最好的加工精度。

机床定位精度主要检验的内容包括:

①直线运动定位精度。

②直线运动重复定位精度。

③直线运动轴机械原点的返回精度。

④直线运动失动量测定。

⑤回转运动定位精度。

⑥回转运动重复定位精度。

⑦回转轴原点返回精度。

⑧回转运动失动量测定。

对有高效切削要求的机床,要做检测单位时间金属切屑量的试验,切削材料一般用1级铸铁,使用硬质合金刀按标准切削用量切削。

1)直线运动定位精度

对直线运动定位精度的检验一般是在空载条件下进行。按国际标准化组织(ISO)规定和国家标准规定,对数控机床的直线运动定位精度的检验应该以激光检测为准。如果没有激光检测的条件,可以用标准长度刻度尺进行比较测量。

根据机床规格选择每 20 mm、50 mm 或 100 mm 的间距,用数据输入法作正向和反向快速移动定位,测出实际值和指令值的偏差。为了反映多次定位中的全部误差,国际标准化组织规定每一个定位点进行 5 次数据测量,计算出均方根值和平均误差。定位精度是一条由各定位点平均值连贯起来,由平均误差构成的定位点离散误差带。

定位精度是以快速移动定位测量的。对一些进给传动链刚度不太好的数控机床,采用各种进给速度定位时会得到不同的定位精度曲线和不同的反向间隙。因此,质量不高的数控机床不可能加工出高精度的零件。

2)直线运动重复定位精度

直线运动重复定位精度是反映坐标轴运动稳定性的基本指标。机床运动精度的稳定性决定着加工零件质量的稳定性和误差的一致性。重复定位精度的检验所使用的检测仪器与检验定位精度所用的仪器相同。检验方法是在靠近被测坐标轴行程的中点及两端选择任意两个位置,每个位置用数据输入方式进行快速定位,在相同的条件下重复 7 次,测得停止位置的实际值与指令值的差值并计算标准偏差,取最大标准偏差的 1/2，加上正负符号即该点的重复定位精度。取每个轴的 3 个位置中最大的标准偏差的 1/2，加上正负符号后就是该坐标轴的重复定位精度。

3）直线运动的原点复归精度

数控机床的每个坐标轴都需要有精确的定位起点，这个点称为坐标轴的原点或参考点．它与程序编制中使用的工件坐标系、夹具安装基准有直接关系。数控机床每次开机时，原点复归精度要一致。因此，要求原点的定位精度比坐标轴上任意点的重复定位精度要高。进行直线运动的原点复归精度检验的目的，一个是检测坐标轴的原点复归精度，另一个是检测原点复归的稳定性。

4）直线运动失动量

坐标轴直线运动失动量又称直线运动反向差。失动量的检验方法是在所检测的坐标轴的行程内，预先正向或反向移动一段距离后停止，并且以停止位置作为基准，再在同一方向给坐标轴一个移动指令值，使之移动一段距离，然后向反方向移动相同的距离，检测停止位置与基准位置之差。

在靠近行程的中点及两端的 3 个位置上分别进行多次测定，求出各个位置上的平均值，以所得平均值中最大的值为失动量的检验值。坐标轴的直线运动失动量是进给轴传动链上驱动元件的反向死区，以及机械传动副的反向间隙和弹性变形等误差的综合反映。该误差越大，那么定位精度和重复定位精度就越差。如果失动量在全行程范围内均匀，可以通过数控系统的反向间隙补偿功能给予修正，但是补偿值越大，就表明影响该坐标轴定位误差的因素越多。

5）回转轴运动精度

回转轴运动精度的检验方法与直线运动精度的测定方法相同，检测仪器是标准转台、平行光管、精密圆光栅。检测时要对 0°、90°、180°、270° 重点测量，要求这些角度的精度比其他角度的精度高一个数量级。

（二）实施设备准备

（1）水平仪 1 个。

（2）CK6136S 数控车 1 台。

四、任务方案

（1）以 3～4 人组成学习小组为作业单元，完成项目任务的实施。

试验台号	作业者	学号	组号	小组其他成员

（2）以小组讨论制定出任务实施方案。

五、任务实施

第 1 步：阅读与该任务相关的知识。

第 2 步：按相关知识中的步骤完成任务。

六、任务总结评价

（一）自我评估

针对能力目标，对自己在任务实施过程中的表现给出分数（满分 100 分）并就 A 优秀、B 良好、C 合格、D 不合格等级予以客观评价。

知识与能力	
问题与建议	
自我打分：　　　　分	评价等级：　　　级

（二）小组评价

小组同学对该同学在任务实施过程中的表现给出分数（单项 0～20 分）并就等级予以客观、合理评价。

独立工作能力	学习创新能力	小组发挥作用	任务完成	其他
分	分	分	分	分
五项总计得分：	分		评价等级：	级

（三）教师评价

指导教师根据学生在学习及任务实施过程中的工作态度、综合能力、任务完成情况予以评价。

得分：　　　　分，评价等级：　　　级

（四）任务综合评价

姓名		小组	指导老师		班	
				年	月	日
项目	评价标准	评价依据	自评	小组评	老师评	小计分
专业能力	1.按要求完成工作任务； 2.能灵活运用相关指令和正确使用工具； 3.检测顺序过程正确、规范	1.操作准确、规范； 2.工作任务完成的程度及质量； 3.独立工作能力； 4.解决问题能力	0～25分	0～25分	0～50分	（自评+组评+师评）×0.6
职业素养	1.遵守规章制度，劳动纪律； 2.积极参加团队作业，有良好的协作精神； 3.能综合运用知识，有较强学习能力和信息分析能力； 4.自觉遵守6S要求	1.遵守纪律； 2.工作态度； 3.团队协作精神； 4.学习能力； 5.6S要求	0～25分	0～25分	0～50分	（自评+组评+师评）×0.4
评价	A（优秀）：100～90分 B（良好）：89～70分 C（合格）：69～60分 D（不合格）：59及以下分	能力+素养 总计得分				分
		等级				级

七、知识和技能拓展

使用水平仪检测数控车床横向导轨在水平平面内的直线度。

任务 5-2 数控铣床的精度检验

一、任务要求

按表 5-2-1 所示检测主轴锥孔轴线的径向跳动。

表 5-2-1 主轴锥孔轴线的径向跳动的检测

序号	检验项目	允差	检验工具	检验步骤
G6	主轴锥孔轴线的径向跳动： a. 靠近主轴端面 b. 距主轴端面 300 mm 处	a：0.010 b：0.020	指示器、专用检验棒	在主轴锥孔中插入检验棒。固定指示器，使其测头触及检验棒的表面： a. 靠近主轴端面； b. 距主轴端面 300 mm 处。旋转主轴进行检验。 拔出检验棒，相对主轴旋转 90°，重新插入主轴锥孔中，依次重复检验三次。 a、b 的误差分别计算。四次测量结果的算术平均值就是径向跳动误差

二、知识与能力目标

（1）了解数控铣床的几何精度检测方法。
（2）掌握千分表的使用和读数方法。
（3）掌握数控铣床主轴锥孔轴线的径向跳动检测方法。

三、任务准备（知识准备）

（一）数控铣床几何精度的检测

按国家标准规定，检验之前要使机床预热，机床通电后移动各坐标轴在全行程内往复运动几次，主轴按中等的转速运转十几分钟后进行几何精度检验。

数控铣床的几何精度检验主要包括以下两个方面：

①机床各大部件如床身、立柱、主轴箱等运动的直线度、平行度、垂直度的精度要求。

②参与切削运动的主要部件如主轴的自身回转精度、各坐标轴直线运动的精度要求。

这些几何精度综合反映了该机床的机械坐标系的几何精度和进行切削运动的主轴部件在机械坐标系中的几何精度。

1. 数控车床几何精度的检测

数控铣床几何精度的检测可参看表5-2-2。

表5-2-2　数控铣床几何精度的检测

序号	检验项目	允差	检验工具	检验步骤
G1	主轴箱垂向移动的直线度： a. 在机床的横向垂直平面内； b. 在机床的纵向垂直平面内	在300 mm测量长度上，a，b：0.016	指示器和角尺	工作台位于形成的中间位置。角尺放在工作台面上： a. 横向垂直平面内； b. 纵向垂直平面内。固定指示器，使其测头触及角尺的检验面。调整角尺，使指示器读数在测量长度的两端相等。按测量长度，移动主轴箱进行检验。 a、b的误差分别计算。指示器读数的最大差值就是直线度误差
G2	工作台面对主轴箱垂直移动的垂直度： a. 在机床的横向垂直平面内； b. 在机床的纵向垂直平面内	a，b：0.016/300	指示器和角尺	工作台位于形成的中间位置。 a. 横向垂直平面内； b. 纵向垂直平面内。固定指示器，使其测头触及角尺的检验面。移动主轴箱进行检验。 a、b的误差分别计算。指示器读数的最大差值就是直线度误差

续表

序号	检验项目	允差	检验工具	检验步骤
G3	工作台面对工作台或立柱，或滑枕移动的平行度：a. 横向；b. 纵向	a，b：0.025/300 最大允许为0.05	指示器和角尺	在工作台面上放两个等高块，平尺放在等高块上：a. 横向；b. 纵向。在主轴中央处固定指示器，使其测头触及平尺的检验面。按测量长度，横向移动到工作台或立柱，或滑枕和纵向移动工作台进行检验。a、b的误差分别计算。指示器度数的最大差值就是平行度误差。当工作台长度大于1 600 mm时，将平尺逐次移动进行检验
G4	主轴端部的跳动：a. 主轴定心轴颈的径向跳动（用于定心轴颈的数控铣床）；b. 主轴的轴向窜动；c. 主轴轴肩支承面的跳动	a，b：0.010 c：0.020	指示器、专用检验棒	固定指示器使其测头分别触及：a. 主轴定心轴颈表面；b. 插入主轴锥孔中的专用检验棒端面中心处；c. 主轴轴肩支承面靠近边缘。旋转主轴进行检验。a、b、c的误差分别计算。指示器读数的最大差值就是跳动或窜动误差。b、c项检验时，应通过主轴中心线加一个由制造厂规定的轴向力F（对已消除轴向游隙的主轴，可不加力）
G5	主轴锥孔轴线的径向跳动：a. 靠近主轴端面；b. 距主轴端面300 mm处	a：0.010 b：0.020	指示器、专用检验棒	在主轴锥孔中插入检验棒。固定指示器，使其测头触及检验棒的表面：a. 靠近主轴端面；b. 距主轴端面300mm处。旋转主轴进行检验。拔出检验棒，相对主轴旋转90°，重新插入主轴锥孔中，依次重复检验三次。a、b的误差分别计算。四次测量结果的算术平均值就是径向跳动误差

2. 测试工量具

1) 千分表

千分表的分度值为 0.001 mm。千分表实物和结构如图 5-2-1 所示。

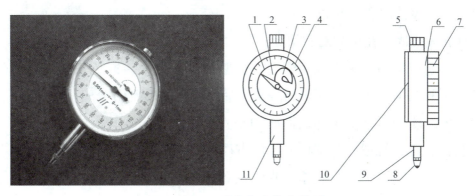

图 5-2-1　千分表实物和结构

1—主指针；2—转数指示盘；3—转数指针；4—度盘；5—防尘帽；6—主体；
7—外圈；8—测头；9—量杆；10—后盖（钢）；11—下轴套

（1）千分表使用前的准备工作：检验千分表的灵敏程度→检验千分表的稳定性。

（2）使用中的测量方法和读数方法：装夹→校对零位，测量时禁止出现的现象，如图 5-2-2 所示。

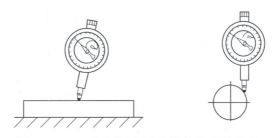

图 5-2-2　千分表测量时禁止出现的现象

2) 百分表

百分表分度值为 0.01 mm，实物如图 5-2-3 所示，其工作原理是将测杆的直线位移，经过齿条—齿轮传动，转变为指针的角位移。

图 5-2-3　百分表实物

百分表的测量范围一般为 0～3 mm、0～5 mm 和 0～10 mm，主要用于直接或比较测量工件的长度尺寸、几何形状偏差，也可用于检验机床几何精度或调整加工工件装夹位置偏差。

使用百分表的注意事项如下。

①百分表应固定在可靠的表架上。

②百分表应牢固地装夹在表架上，夹紧力不宜过大，以免使装夹套筒变形，卡住测杆，应检查测杆移动是否灵活。夹紧后，不可再转动百分表。

③百分表测杆与被测工件表面必须垂直，否则将产生较大的测量误差。测量圆柱形工件时，测杆轴线应与圆柱形工件直径方向一致。

④测量前必须检查百分表是否夹牢又不影响其灵敏度，为此可检查其重复性，在重复性较好的情况下才可以进行测量。

⑤在测量时应轻轻提起测杆，把工件移至测头下面，缓慢下降测头，使之与工件接触，不准把工件强迫推入至测头，也不准过急下降测头，以免产生瞬时冲击测力，给测量带来误差。在测头与工件表面接触时，测杆应有 0.3～1 mm 的压缩量，以保持一定的起始测量力。

⑥根据工件的不同形状，可自制各种形状的测头进行测量。

⑦测量杆上不要加油，免得油污进入表内，影响表的传动件和测杆移动的灵活性。

3）杠杆百分表

杠杆百分表分度值为 0.01 mm，它是一种借助于杠杆－齿轮或杠杆－螺旋传动机构，将测杆摆动变为指针回转运动的指示式量具，如图 5-2-4 所示。

图 5-2-4　杠杆百分表

杠杆百分表测量范围一般为 0～0.8 mm。由于杠杆百分表的测杆可以转动，而且可按测量位置调整测量端的方向，因此适用于测量百分表难以测量的小孔、凹槽、孔距、坐标尺寸等。

使用杠杆百分表的注意事项：

①根据杠杆百分表的工作原理，可以清楚地看出，测杆（杠杆短臂）的有效长度直接影响测量误差，因此在测量工作中必须尽可能使测杆的轴线垂直于工件尺寸线。

②如果由于特殊工件的测量需要，无法调整测杆轴线使工件尺寸线与测量线重合，将会使测杆的有效长度减小，指示读数增大。测量结果应进行修正。

4）磁性表座

万向微调磁性表座用于支承指示类量具（千分表、百分表和杠杆表）或其他（激光干涉仪镜组），如图5-2-5所示。

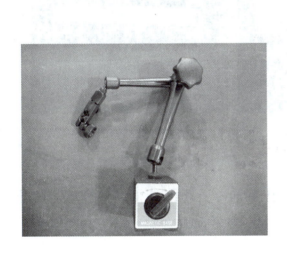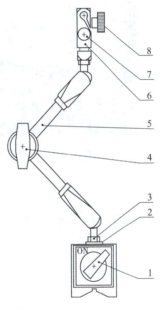

图5-2-5 磁性表座实物图和结构图

1—旋转开关；2—铜垫片；3—固定螺丝；4—旋钮；5—支撑杆；
6—微调件；7—微调旋钮；8—锁紧螺杆

使用方法：

①将磁性表座座体工作面和被吸附面擦拭干净。

②把支撑杆5的固定螺丝3旋入座体上的螺孔并垫好铜垫片2。

③将指示类量具表颈插入微调件6的夹表孔，并旋紧锁紧螺杆8。

④旋转开关1至"ON"处，座体即于被吸附表面吸牢。

⑤旋松旋钮4，支撑杆5关节全部松动，调整到需要的位置后再旋紧旋钮4。

⑥当要对量具的位置微调时，旋动微调件6上的微调旋钮7即可。

⑦使用结束后应将旋转开关旋至"OFF"处，座体即可从被吸附面上取下。

维护保养方法：

①磁性表座在非使用状态时，应将旋转开关旋至"OFF"处。

②长期不用时，应将座体工作面清洁并涂防锈油，储存于干燥处。

③座体部分的零件不可随意拆卸，以免影响工作磁力。

5）检验棒

检验棒用于检验各种机床的几何精度。

检验棒在数控车床上用到的有6#、4#莫氏锥柄检验棒和直检验棒，如图5-2-6所示。

(a) 6#莫氏锥柄检验棒

(b) 4#莫氏锥柄检验棒

图5-2-6 检验棒

检验棒用后，应擦拭干净，涂抹黄油，置于清洁干燥处存放，防止生锈影响精度。

（二）实施设备准备

（1）检验棒1个。

（2）CK6136S数控车1台。

（3）磁力表座及千分表各1个。

四、任务方案

（1）以3～4人组成学习小组为作业单元，完成项目任务的实施。

试验台号	作业者	学号	组号	小组其他成员

（2）以小组讨论制定出任务实施方案。

五、任务实施

第1步：阅读与该任务相关的知识。

第2步：按相关知识中的步骤完成任务。

六、任务总结评价

（一）自我评估

针对能力目标，对自己在任务实施过程中的表现给出分数（满分100分）并就A优秀、B良好、C合格、D不合格等级予以客观评价。

知识与能力	
问题与建议	
自我打分：　　　分	评价等级：　　　级

（二）小组评价

小组同学对该同学在任务实施过程中的表现给出分数（单项0～20分）并就等级予以客观、合理评价。

独立工作能力	学习创新能力	小组发挥作用	任务完成	其他
分	分	分	分	分
五项总计得分：　　　分			评价等级：　　　级	

项目五　数控机床精度检测

（三）教师评价

指导教师根据学生在学习及任务实施过程中的工作态度、综合能力、任务完成情况予以评价。

得分：　　　分，评价等级：　　　级

（四）任务综合评价

姓名		小组	指导老师		班	
				年	月	日

项目	评价标准	评价依据	自评	小组评	老师评	小计分
专业能力	1. 按要求完成工作任务； 2. 能灵活运用相关指令和正确使用工具； 3. 检测顺序过程正确、规范	1. 操作准确、规范； 2. 工作任务完成的程度及质量； 3. 独立工作能力； 4. 解决问题能力	0～25分	0～25分	0～50分	（自评+组评+师评）×0.6
职业素养	1. 遵守规章制度，劳动纪律； 2. 积极参加团队作业，有良好的协作精神； 3. 能综合运用知识，有较强学习能力和信息分析能力； 4. 自觉遵守6S要求	1. 遵守纪律； 2. 工作态度； 3. 团队协作精神； 4. 学习能力； 5. 6S要求	0～25分	0～25分	0～50分	（自评+组评+师评）×0.4
评价	A（优秀）：100～90分 B（良好）：89～70分 C（合格）：69～60分 D（不合格）：59及以下分	能力+素养 总计得分				分
		等级				级

七、知识和技能拓展

完成G5项目主轴端部跳动的检测。

项目六
数控机床的保养

项目六 数控机床的保养

一、任务要求

对实训车间的 CK6136S 数控车床进行一级保养。

二、知识与能力目标

（1）掌握数控车床的一级保养过程。
（2）了解数控车床的二级、三级保养过程。

三、任务准备（知识准备）

数控机床的维护和保养是正确使用数控机床的关键因素之一。做好日常维护和保养，可使设备保持良好的技术状态，延缓劣化进程，及时发现和消灭故障隐患，从而保证安全运行。

数控车床（车削中心）三级保养的内容和要求：

（一）数控车床（车削中心）的一级保养内容和要求

一级保养就是每天的保养，在班前、班中和班后的维护事项。

1. 班前

（1）检查各操作面板上的各个按钮、开关和指示灯。要求位置正确、可靠，并且指示灯无损。如图 6-1-1 所示。

（2）检查机床总接地线，要求完整、可靠。如图 6-1-2 所示。

图 6-1-1　检查数控系统操作面板

图 6-1-2　检查机床总接地线

（3）检查润滑系统、冷却系统等的液位，要求符合规定或液位不少于标置范围内下限以上的 1/3。如图 6-1-3 所示。

（4）检查润滑系统、冷却液系统工作是否正常。如图 6-1-4 所示。

图 6-1-3　检查润滑液位

图 6-1-4　向导轨内注油

（5）机床主轴及各坐标运转及运行 15 min 以上，要求各零件温升、润滑正常，无异常振动和噪声。如图 6-1-5 所示。

（6）检查主轴卡盘和尾顶尖运行是否正常，要求安全、可靠。如图 6-1-6 所示。

图 6-1-5　检查主轴卡盘

图 6-1-6　检查尾顶尖运行状况

（7）检查刀架工作状况是否运作正常，无异常振动和噪声。如图 6-1-7 所示。

（8）检查各坐标是否能正常回零。如图 6-1-8 所示。

图 6-1-7　检查刀架运行状况

图 6-1-8　检查机床回零

（9）检查各电气柜散热风扇是否工作正常，风道过滤网是否堵塞。如图 6-1-9 所示。

（10）检查机床防护罩是否动作灵敏。如图6-1-10所示。

图6-1-9　检查过滤网

图6-1-10　检查机床防护罩

（11）检查CNC输入/输出装置是否清洁。如图6-1-11所示。

图6-1-11　检查CNC输入/输出装置

2. 班中

（1）执行数控车床操作规程，要求严格遵守，如图6-1-12所示。

（2）操作中发现异常，立即停机，相关人员进行检查或排除故障。要求处理及时，不带故障运行，并严格遵守。

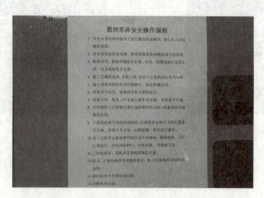

图6-1-12　数控车床安全操作规程

3. 班后

（1）清理切屑，擦拭机床外表，并在外露的滑动表面加注润滑油。要求清洁、防锈。如图6-1-13所示。

（2）检查各操作面板上的各个按钮及开关是否在合理位置，刀架、各坐标及尾座是否移动到合理位置上，要求严格遵守，如图6-1-14所示。

图6-1-13 清理切屑

图6-1-14 检查各按钮及开关是否移动到合理位置

（3）切断电源、气源，要求严格遵守，如图6-1-15所示。

（4）清洁机床周围环境，要求严格按6S管理，如图6-1-16所示。

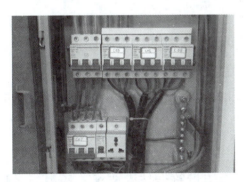

图6-1-15 切断电源

图6-1-16 清洁机床周围环境

（5）在记录单上做好机床运行情况记录，要求严格遵守。

（二）数控车床（车削中心）的二级保养内容和要求

1. 主轴箱

（1）擦洗箱体，检查制动装置及主电机皮带。要求清洁、安全、可靠，皮带松紧合适。

（2）检查、清理主轴锥孔表面毛刺。要求光滑、清洁。

2. 各坐标进给传动系统

（1）清洗滚珠丝杠副，调整斜铁间隙。要求清洁，间隙适宜。

（2）检查、清洁各坐标传动机构、导轨、毛毡、刮屑器。要求清洁无污、无毛刺。

（3）检查、清洁各坐标限位开关、减速开关、零位开关及机械保险机构。要求清洁无污，安全、可靠。

（4）对于闭环系统，检查各坐标光栅尺表面或感应同步尺表面。要求清洁无污，压缩空气供给正常。

3. 刀架

（1）检查、清洗刀架各刀位槽、刀位孔及刀具紧锁机构。要求清洁、可靠。

（2）检查刀架上各动力头。要求工作正常、可靠。

（3）检查各定位机构。要求安全、可靠。

4. 尾座

（1）分解和清洗套筒、丝杠、丝母。要求清洁、无毛刺。

（2）检查尾座的紧锁机构。要求安全、可靠。

（3）检查、调整尾顶尖与主轴的同轴度。要求符合技术规定。

5. 液压系统

（1）清洗滤油器。要求清洁、无污。

（2）检查油位。要求符合规定，或者液位不少于标置范围内下限以上的1/3处。

（3）检查油泵及油路。要求无泄漏，压力、流量符合技术要求。

（4）检查压力表。要求压力指示符合规定，指示灵敏、准确，并在定期校验时间范围内。

6. 中心润滑系统

（1）检查油泵、压力表。要求无泄漏，压力、流量符合技术要求，压力指示灯符合规定，指示灵敏、准确，并且在定期校验时间范围内。

（2）油路及分油器。要求清洁无污、油路畅通、无泄漏、单向阀工作正常。

（3）检查清洗滤油器、油箱。要求清洁无污。

（4）检查油位。要求润滑油必须加至油标上限。

7. 冷却液系统

（1）清洗冷却液箱，必要时更换冷却液。要求清洁无污、无泄漏，冷却液不变质。

（2）检查冷却液泵、液路，清洗过滤器。要求无泄漏，压力、流量符合技术要求。

（3）清洗排屑器。要求清洁无污。

（4）排屑器上各按钮开关。要求位置正确、可靠，排屑器运作正常、可靠。

8. 整机外观

（1）全面擦拭机床表面及死角。要求漆见本色、铁见光。

（2）清理电器柜内灰尘。要求清洁无污。

（3）清洗各排风系统及过滤网。要求清洁、可靠。

（4）清理、清洁机床周围环境。要求按定置管理及 6S 管理标准。

（三）数控车床（车削中心）的三级保养内容和要求

三级保养是在每半年或每年进行的保养。

首先要完成二级保养的内容。要求按二级保养内容去做。

（1）主轴箱。

（2）各坐标进给传动系统。

（3）刀塔。

（4）尾座。

（5）液压系统。

（6）气动系统。

（7）中心润滑系统。

（8）冷却液系统。

（9）整机外观。

（10）精度。

四、任务方案

（1）以 3～4 人组成学习小组为作业单元，完成项目任务的实施。

试验台号	作业者	学号	组号	小组其他成员

（2）以小组讨论制定出任务实施方案。

五、任务实施

第1步：阅读与该任务相关的知识。
第2步：按知识准备中的步骤操作。

六、任务总结评价

（一）自我评估

针对能力目标，对自己在任务实施过程中的表现给出分数（满分100分）并就A优秀、B良好、C合格、D不合格等级予以客观评价。

知识与能力	
问题与建议	
自我打分：　　　分	评价等级：　　　级

（二）小组评价

小组同学对该同学在任务实施过程中的表现给出分数（单项0～20分）并就等级予以客观、合理评价。

独立工作能力	学习创新能力	小组发挥作用	任务完成	其他
分	分	分	分	分
五项总计得分：　　　分			评价等级：　　　级	

（三）教师评价

指导教师根据学生在学习及任务实施过程中的工作态度、综合能力、任务完成情况予以评价。

得分：　　　分，评价等级：　　　级

（四）任务综合评价

姓名		小组		指导教师		班		
						年　　月　　日		
项目	评价标准		评价依据		自评	小组评	老师评	小计分
专业能力	1. 按要求完成工作任务； 2. 能灵活运用相关指令和正确使用工具； 3. 检测顺序过程正确、规范		1. 操作准确、规范； 2. 工作任务完成的程度及质量； 3. 独立工作能力； 4. 解决问题能力		0～25分	0～25分	0～50分	（自评+组评+师评）×0.6
职业素养	1. 遵守规章制度和劳动纪律； 2. 积极参加团队作业，有良好的协作精神； 3. 能综合运用知识，有较强的学习能力和信息分析能力； 4. 自觉遵守6S要求		1. 遵守纪律； 2. 工作态度； 3. 团队协作精神； 4. 学习能力； 5. 6S要求		0～25分	0～25分	0～50分	（自评+组评+师评）×0.4
评价	A（优秀）：100～90分 B（良好）：89～70分 C（合格）：69～60分 D（不合格）：59及以下分				能力+素养 总计得分			分
					等级			级

附件　凯达 CKA6136S 数控车床合格证明书

CK 系列			合格证明书	
精度检验记录单				
序号	简图	检验项目	精度/mm	
			允差	实测
G1	(a) (b)	导轨调平： （a）纵向 导轨在垂直平面内的直线度	$D_C \leq 500$ 0.01（凸） $500 < D_C \leq 1000$ 0.02（凸）任意 250 0.0075	0.016 0.005
		（b）横向 导轨的平行度	b. 0.04/1000	0.011
G2		溜板移动在水平面内的直线度	$D_C \leq 500$ 0.015 $500 < D_C \leq 1000$ 0.02	0.010
G3	(a) (b) L=常数	尾座移动对溜板移动的平行度 a. 在垂直平面内 b. 在水平面内	a. 0.03 b. 0.03 任意 500 测量长上 a. 0.02 b. 0.02	0.020 0.020 0.014 0.014
G4	(b) (a) F	主轴端部的跳动： a. 主轴的轴向窜动 b. 主轴轴肩支承面的跳动	a. 0.01 b. 0.02	0.003 0.006

D_C—表示最大工件长度，D_a—表示最大工件回转直径，F—消除轴承间隙加的恒力

续表

CK 系列			合格证明书	
精度检验记录单				
序号	简图	检验项目	精度 /mm	
			允差	实测
G5		主轴定心轴颈的径向跳动	0.01	0.004
G6		主轴锥孔轴线的径向跳动： a. 靠近主轴端面 b. 距主轴端面200处	a. 0.01 在200测量长上 b. 0.013	0.005 0.010
G7		主轴轴线对溜板移动的平行度 a. 在垂直平面内； b. 在水平面内	在200测量长上 a. 0.013（向上偏） b. 0.01（向前偏）	0.006 0.006
G8		顶尖的跳动	0.015	0.010
G9		尾座套筒轴线对溜板移动的平行度： a. 在垂直平面内； b. 在水平面内	在100测量长上 a. 0.015（向上偏） b. 0.01（向前偏）	0.007 0.008

续表

精度检验记录单

CK 系列		合格证明书		
序号	简图	检验项目	精度/mm	
			允差	实测
G10		尾座套筒锥孔轴线对溜板移动的平行度： a.在垂直平面内； b.在水平面内	在200测量长上 a. 0.02（向上偏） b. 0.02（向前偏）	0.015 0.016
G11		床头和尾座两顶尖的等高度	0.04（只许尾座高）	0.001
G12		横刀架横向移动对主轴轴线的垂直度	0.013/200（偏差方向 α≥90°）	0.009
G13		回转刀架转位的重复定位精度： a. X轴方向 b. Z轴方向	a. 0.01 b. 0.01	0.008 0.007
G14		Z轴和X轴的位置精度 a.重复定位精度R； b.反向偏差B； c.定位精度A	见下表	

Z轴

D_C	≤500	>500-1000	
R	0.013	0.016	0.014
B	0.015	0.02	0.018
A	0.032	0.04	0.037

X轴

R	0.012	0.010
B	0.013	0.012
A	0.03	0.029

续表

CK 系列			合格证明书	
精度检验记录单				
序号	简图	检验项目	精度 /mm	
			允差	实测
P1	材料：45 钢 $D \geqslant D_a/8$ l_1=200mm l_2=20mm	精车外圆的精度： a. 圆度； b. 在纵截面内直径的一致性	a. 0.005 在 300 测量长上： b. 0.03（反应锥）	0.003 0.011
P2	材料：HT200 $D \geqslant D_a/2$ $l_{max}=D_a/8$	精车端面的平面度	在 300 直径上： 0.025（只许凹）	0.012
P3	D= 滚珠丝杠直径 L_{min}=75mm	精车螺纹的螺距误差	任意 50 测量长上：0.025	0.020

CK 系列	合格证明书
精度检验记录单	

P4 精车轴类综合试件
　　材料：45 钢

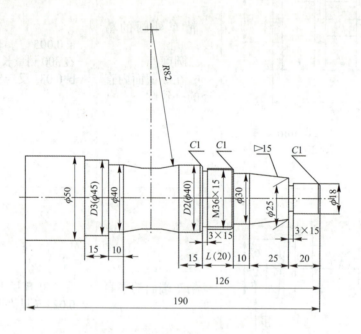

序号	检验项目		允差	实测
1	圆度（直径差）	D_3	0.015	0.003
2	直径尺寸精度	D_2、D_3	±0.02	0.010
3	直径尺寸差	$D_3-D_2=5$	±0.015	5.015
4	长度尺寸精度	$L=20$	±0.025	20.013

参考文献

[1] 陈子银. 数控机床结构原理与应用［M］. 3 版. 北京：北京理工大学出版社，2017.

[2] 韦伟松，岑华. 数控机床故障诊断与维修［M］. 北京：电子工业出版社，2018.

[3] 王海勇. 数控机床结构与维修：项目化教程第二版［M］. 北京：化学工业出版社，2018.

[4] 王吉明. 图解 FANUC 数控机床维修：从新手到高手（第二版）［M］. 北京：化学工业出版社，2019.

[5] 牛志斌，高红，等. 数控机床维修从入门到精通［M］. 北京：化学工业出版社，2019.

[6] 朱强，赵宏立. 数控机床故障诊断与维修［M］. 3 版. 北京：人民邮电出版社，2019.